E-mail 行銷

其實

和你想的不一樣！

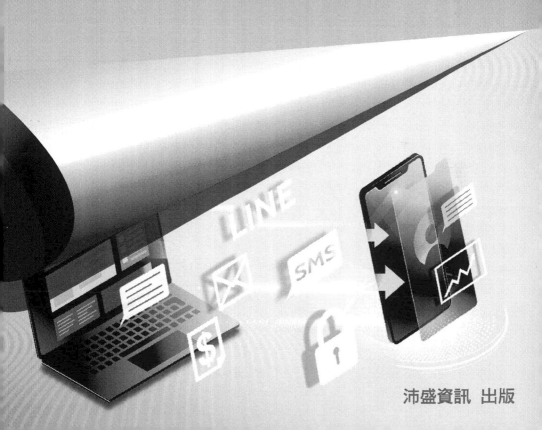

沛盛資訊 出版

本書深入淺出點出電子報行銷各層面的知識，適合兩類型的目標讀者——

1. 企業行銷人員：從新手及至有歷練的專員皆可透過本書掌握電子報從郵件名單收集技巧，到各類電子郵件、電子報行銷運用。小型、微型企業，可快速吸收正確發送電子報的基本知識。而中大型企業，卻能深入了解常態性大量發送百萬數以上郵件時，需要的行銷技巧。

2. 企業IT人員：純技術的IT部門該如何協助行銷部門分析電子報系統導入，本書是最佳學習指南；這裡也完整介紹電子報系統架構、API介接以及資安需求，並加入電子帳單章節，有助於金融產業規劃帳單系統之用。

本書源起

本書是我過去二十多年在電子郵件技術領域專研的心血結晶。我在美國取得芝加哥大學電腦科學碩士學位後，就在加州矽谷這塊被稱「電腦軟體開發的殿堂」之地工作。從基要系統工程師開始，到成為當時公司的亞太區副總裁，這一

路以技術為底不斷挑戰林林總總的工程考驗至磨練。後來決定在2002年從美國回台灣開拓市場,清楚記得剛到台灣那天,外面下著大雨,從飯店叫了計程車,請司機帶我到「內湖科學園區」。在內科這片看來雖然陌生的園地繞了一圈,心中卻已積極規劃著未來發展的藍圖。

憑著過往在外地累積的經驗,我期盼打開台灣的訊息推播市場,分別應用於簡訊、線上傳真、電子報等訊息推播上,因考量到商業化前景,致力開發專屬本地企業的系統軟體,專攻電子郵件電子報方面。

新創事業果然很難一帆風順,成立七年的公司因著尚新技術與市場接受度之間的差異,終面臨資金用盡而關閉。痛定思過之後,再度站起來成立今天的《沛盛資訊》,不僅開創嶄新技術貼近市場趨勢、開發的產品也日趨成熟、更陸續取得產品專利,同時因著電商興起對電子報發送需求大增,以及個資法和全球對垃圾郵件濫發規定趨嚴,讓《沛盛資訊》所提供的正規電子郵件電子報發送產品迎合企業需求,受到客戶肯定,公司也隨之日益茁壯。

在這二十年的拓展過程,不僅是總經理也兼任技術長職份,全力帶領工程團隊研發電子郵件高速引擎技術。還記得某次台灣一間知名的企業找我們過去簡報,面對這潛在大客戶我帶著幾十頁簡報興高采烈地講解,幾十分鐘過去了,對方根本沒在聽,然後只問了一句「我們電子報數量XX萬封,你們發得出去嗎?」

我訝異了一下,立刻就回答「當然可以!」

電子報關鍵技術

電子郵件發送的核心並不在於界面上各種美輪美奐功能，而是如何有效的把電子郵件高速又穩定的送達收件信箱。基於多年來對訊息傳送技術的專研，所發展的高速電子郵件引擎，發送率每小時超過五百萬封郵件，而台灣其它電子報業者，還沒有一家是自行開發的郵件發送引擎，普遍依靠國外發送或是自行修改Unix為主開源程式碼。《沛盛資訊》發送效能遠勝對手不只一、兩倍，而是數十倍以上。

掌握了電子郵件發送關鍵技術，公司在台灣市場也經歷快速成長。前述的知名企業採用了沛盛資訊產品，十多年來從私有雲隨著技術更迭轉為混合雲架構。但凡是電子郵件電子報發送數量龐大的產業，例如電商、媒體、旅遊、量販等等，前十名企業有近半是採用《沛盛資訊》解決方案。舉凡在個人Email信箱中所收到的知名品牌電子郵件、電子報，許多也是採用《沛盛資訊》的關鍵技術。

電子帳單

《沛盛資訊》在電子郵件電子報領域站穩腳步後，消費市場正值環保概念興盛，銀行大力提倡採用成本較低的電子帳單，並祭出許多優惠給予消費者轉換。有一次台灣某金融集團提出需求，他們正面臨電子帳單無法發送的困境。我初次與對方討論集團需求時，只是在白板上畫出帳單樣版跟資

料媒合的流程，並手動執行示範式，對方當下便認同可行。從此他們提出帳單作業需求，我們公司肩負技術及軟體研發，開啟了《沛盛資訊》高速媒合電子帳單系統的發展。過去電子帳單數量不高時，原系統尚可應付，但當消費者對電子帳單使用度提升，隨之引起帳單郵件從產出到發送的壓力及瓶頸。

這二十年來在台灣持續深根電子郵件領域，拓展電子報與電子帳單，分別完成私有雲、公有雲、混合雲、專機的服務架構，我們對電子郵件相關技術專研極深，《沛盛資訊》能自信的說，在台灣要是我們不能解決的郵件問題，也難有別家廠商能完成。

普及電子郵件行銷教育

除了我個人熟悉各種電子郵件技術，公司上下員工也非常懂電子報、電子帳單。每當我們接觸客戶的行銷部門，或是協助技術部門建置系統時，深深感觸到客戶普遍對電子郵件、電子報、電子帳單的瞭解有限。行銷部門是電子報的使用者，對於收集名單、設計內容、郵件跑版或進垃圾信箱原因等know-how，普遍所知有限。而技術部門對這類系統的建構、IP和名單的維護、郵件發送和收件、以及媒合電子帳單生成的原理等，似是一知半解。

因應市面上缺少中文電子報相關書籍可作參考，同時為了能延續養成一批再一批的電子郵件行銷、IT菁英/專業人

才，我立志要寫一本書能夠深入淺出地介紹電子郵件、電子報與電子帳單的精髓，這本書便隨之誕生。

本書共分為三大部，分述如下：

第一部：建立電子報發送觀念

第二部：電子報發送過程

第三部：企業應用實務

如何從無到有的正確規劃電子報？如何有效收集訂閱郵件地址、設計出吸引人的主旨與郵件內容？如何順利發送電子報並且降低進入垃圾信匣？⋯⋯在電子郵件這動態的技術流程中，每個環節將持續有新觀念與做法出現，若需進深串接內部系統，要考量的細節將更多面。歡迎與《沛盛資訊》聯繫，討論規劃能提高營業效益的專屬郵件技術方案。

唐旭忠

《沛盛資訊》創辦人／總經理

https://www.itpison.com/

目錄

第一部：
建立電子報發送觀念

第一章
電子郵件名單是
公司重要資產

第一節　電子郵件地址重要性

一、電子郵件地址歷史

　　最早在1960年代，那時主要都是大型電腦且多半是研究單位使用，研究員爲了互相訊息溝通，進而開始有不同種類的訊息跨電腦的傳遞溝通方法。但人們真正熟知的電子郵件格式，也就是人名後有@符號（台灣通稱爲「小老鼠」），這是到了1971年才正式誕生。當時全美許多大學都已經加入ARPANET，這是美國高等研究計劃署網路（Advanced Research Projects Agency Network），由美國國家推動的網路系統，爲了跨電腦訊息溝通，便制定了統一標準，這就是電子郵件地址的誕生。

　　爲了讓郵件地址在不同電腦系統間被廣爲使用，於是在1981年製定出「簡單郵件傳輸協定」（Simple Mail Transfer Protocol，SMTP），是個在網路上傳輸電子郵件的標準。自從訂下了SMTP郵件傳送標準通訊協定，郵件系統開始可以在不同電腦平台與不同作業系統上互相溝通。

從1971年開始算起，電子郵件已有50年的歷史，以電腦各種領域進展快速來看，電子郵件50歲了還應用日漸壯盛，就在於它穿越時空與環境，能運用在各種不同電腦、手機系統。特別是在社群媒體日趨發展的年代，許多預言都說網路溝通會轉到社群媒體，電子郵件將沒落，但其實郵件不但存活下來，而且使用量還越來越大。回想你現在每天最常用的智慧型手機跟社群媒體，每支智慧型手機開通帳號使用，一定會綁定電子郵件地址，不管安卓或蘋果手機皆然，如果原本沒有電子郵件，谷歌跟蘋果甚至會送給你一個，蘋果是@icloud.com，谷歌是@gmail.com。

而社群媒體只要使用電腦系統登入都會綁定郵件地址，即使原本是手機App綁定手機號碼，但還是會要求郵件地址作為驗證服務或取回帳號密碼之用。

二、電子郵件地址重要性

電子郵件是在50年前就已設計出來的，在過去有各式各樣不同電腦系統出現，這些系統全部都支援電子郵件通信協定，因此電子郵件標準也不能大幅改變，避免以往不同類型的電腦無法收到郵件。就是因為郵件的獨特跨平台、跨系統，且不隨著時間改變，反而讓電子郵件在日新月異的電腦世界下存活。

雖然即時訊息蓬勃發展，例如Line、微信、Whatsapp等，但是想要讓兩個即時訊息App互相發送是不可行，例如

Line無法發到微信，反之亦然。因此，想讓兩個電腦系統或是手機App互相做溝通，而且確保對方一定會收到，現在只有電子郵件跟簡訊能做到。但由於簡訊發送費用較高，因此電子郵件就變成網路世界雙方溝通的唯一跨平台可行做法。這也可以理解爲何各種網路、社群、App發展進步神速，而電子郵件這已經50多年歷史老方法，卻老當益壯且使用量越來越大。

第二節　名單是企業最有價值資源

一、名單是企業最有價值資源

　　企業要維持生存最重要的是擁有客戶，客戶名單可說是企業命脈並不爲過，因爲再好的產品如果沒有客戶願意購買也等於無用。但客戶名單如何保存與維繫，多半會透過各種不同形式CRM（Customer Relationship Management）去保存，小型企業可能直接記錄在Excel，大型規模企業可以使用SalesForce或是類似CRM系統進行管理。這些系統會區分客戶成爲已購買客戶跟潛在客戶，行銷部門會持續舉辦各種行銷活動，吸引更多潛在客戶，並轉換爲購買客戶。

　　當行銷訊息想要通知到客戶名單，能利用的管道有電子郵件、電話、實體地址，但實務上只有電子郵件可行，因爲

不可能每週打電話給客戶告訴他們新產品、新促銷，更不可能經常透過郵局寄信到對方公司地址。因此電子郵件名單，可以稱為企業最重要又最有價值的資源實不為過。

　　由於近幾年社群媒體發達，許多行銷人員都把客戶網路行銷主力以及廣告預算放在社群媒體，認為透過社群媒體可吸引客戶，能讓客戶下訂單購買。這個觀念並沒有正確發揮此一行銷通路特色，社群媒體的用處是讓客戶與你保持關係，使對方知道你各種進行中動態，但如果希望他購買產品，最好的方法則是透過郵件方式讓客戶去購買。社群媒體就像實體生活聚會，你不會在跟朋友聚會時突然拿出銷售目錄，試圖賣產品給朋友，銷售最好是透過私下一對一進行，而不是公開在社群中銷售，郵件就是這種一對一進行方式。

　　因此郵件名單多寡，就代表潛在客戶多寡，發送有效電子報就會與訂單數量成正比。《沛盛資訊》一個大型品牌客戶行銷主管就曾經告訴我們，他只要早上到辦公室查看電子報開啟率，就可以知道今天業績好壞。電子報與業績直接相關，這方式在許多知名大品牌上，都得到同樣看法，就是透過大量郵件行銷，在郵件裡面吸引客戶創造業績。

　　有趣的是，知名大品牌都很懂得善加利用郵件行銷，因為他們知道這是賺錢利器，投入行銷費用到電子報遠比社群媒體花費更低且成果更好；反而許多中小企業的行銷人員，卻將大部分力氣都放在社群媒體上，花費高效果又差。所以不管公司的規模是大是小，都該學習這些知名大品牌，能帶來賺錢的行銷方式，其實是透過電子報。

中小企業即使學習到要透過電子報帶來業績，但想發電子報前提是要有客戶名單，中小企業過去若沒有收集客戶與潛在客戶郵件地址習慣，根本沒有名單可以發電子報。因為累積電子報名單是長期且需有策略性作法收集，這些名單是企業最有價值資源，本書也會解說許多實際有效收集電子報名單正確方式。

二、社群媒體不適合銷售

因為電子報是直接寄送到收信人的郵件信箱，只要內容設計得好，對方會願意打開郵件去看你所提供產品或服務，所以電子報是比社群媒體更好帶來業績的工具。也就是郵件行銷具備了一對一銷售特性，具備相對隱密感，能直接對這客戶提供產品介紹或折扣，再加上善用個人化郵件行銷技巧，收信人會認為這封郵件是單獨寄給他，在上面所提供的產品宣傳，就像是到店裡面銷售人員一對一介紹，因此有更高成交可能性。

社群媒體是一次發給大量對象，看粉專貼文也知道這個貼文不是只給他，是給成千上萬人看，粉專上無法提供某個用戶獨有折扣，因此不會產生情感連結。然而電子報一對一特性，就適合提供獨特折扣或是特殊銷售組合，這也是為何電子報是個容易讓客戶產生購買行為的行銷溝通工具。

對企業而言花同樣的行銷預算去蒐集100個郵件名單，會比獲得100個社群媒體追蹤者能夠帶來更大價值。不管你

公司成立多久，客戶行銷上最重要事情之一，就是要收集客戶郵件名單。

業務與行銷人員都努力廣爲收集潛在客戶名單，具體呈現形式就是電子郵件地址。當然，如果還能有這個客戶的姓名、手機、實體地址等聯絡方式更好，但實務上眞正能用來經常跟客戶保持聯繫工具，就是電子郵件。擁有了客戶郵件名單，只要透過電子報方式發送，想宣傳各種訊息，都能夠一對一直達收件人電子郵件信箱，若主旨設計夠好，就讓收件人有意願打開郵件。

自行掌握客戶郵件名單，就是掌握自己行銷通道，這也就是爲什麼不管是國內或國外知名大品牌，一定會想辦法擁有自己電子郵件名單，因爲名單就等於是賺錢機會。

三、客戶關係行銷

（一）從客戶關係管理到客戶關係行銷

客戶關係管理（Customer Relationship Management）這通常是業務與銷售部門所使用，用來紀錄一個客戶從最早接觸到下單過程，包含客戶是透過哪種行銷管道接觸公司，業務員開始做產品介紹或是拜訪，客戶提出哪些使用需求，電話或郵件聯繫過程紀錄，客戶想購買產品以及報價金額，到最後客戶確實下單購買，這整個過程便記錄在客戶關係管理系統中。許多企業內部都會使用不同種類客戶關係管理，畢竟銷售是公司命脈，透過客戶關係管理

可以充分了解客戶從哪邊來、他們的需求，以及真正轉化為訂單金額。

郵件就是客戶關係管理其中一環，不僅如此，《沛盛資訊》進而倡導「客戶關係行銷」（Customer Relationship Marketing）。郵件行銷就是客戶關係行銷之一種，並非只是去推銷客戶不想要的產品，而是透過客戶願意接受郵件內容，定期或是不定期推送對方會感興趣行銷訊息，不管是促銷折扣或是新品上市，都必須確保這是客戶想要看到的內容。這便是透過郵件行銷來建立客戶關係的行銷方法。

電子報屬於客戶關係行銷，就在於是建立在既有的客戶或會員基礎，收信人已經認識該品牌，願意接受所發送的郵件行銷。這相對於社群媒體廣告就是屬於陌生客戶開發，廣告所投放的對象，是已事先經篩選好的目標客戶類型，而這一些人正在瀏覽社群上朋友貼文，同時廣告也以貼文形式露出，廣告受眾事先可能不認識這品牌，透過廣告貼文開始認識該品牌。

（二）用郵件建立與客戶關係

隨著郵件系統突飛猛進，郵件行銷已經發展出自動郵件系統，透過事前已經規劃好的客戶溝通系列郵件，當客戶符合情境加入電子報時，就可以對他自動推送這些郵件內容。舉例而言，若潛在客戶在網站上訂閱電子報，一定是對公司產品或是服務感興趣，這時候可以設計一連串郵件內容，等於是歡迎加入並引導到產品銷售過程。剛加入電子報時先歡迎對方，接著透過兩、三封提供對方會感興趣進階內容，例

如教育性YouTube、部落格、白皮書等，讓他獲得免費資訊。接著再透過幾封郵件，逐步介紹產品或服務與購買方式，而在郵件自動化過程中如果客戶已經購買，這個自動郵件系列便停止，如果客戶還是都沒有購買，在這自動郵件系列最後幾封，便主動提供限期折扣，讓客戶提高購買意願。

即便不是透過郵件自動化行銷，而是每週發送一次電子報，也要把握這是在跟客戶建立關係流程中一環，收信的對象是活生生真人，而不是你郵件發送名單中一個郵件地址。在電子報內容，不要只想辦法塞入越多促銷訊息越好，這樣只是在推銷而不是行銷。想像現實生活場景，如果你走過遇到這樣推銷，你避之唯恐不及，電子報行銷亦同。

郵件行銷是透過一次又一次，提供給對方會感興趣內容，透過這樣行銷方式建立與客戶之間關係，當她認識你品牌久了取得信賴，等決定要購買產品，就會指名選購你的產品，這才是真正與客戶建立起關係的行銷做法。

第三節　目標客戶群

郵件名單其實就是訂單來源，掌握名單就是掌握訂單，只是怎麼樣將名單轉換成訂單，這就成了郵件行銷成效的差異。電子報行銷要做得好，首先就是要確認你產品或服務的目標客戶。

一、目標客戶

　　透過實體或是網路銷售產品，首先要理解的就是你的目標客戶究竟是誰。郵件行銷是行銷中的一環，目的是掌握目標客戶的郵件地址，未來才可以發送行銷訊息，但它的第一步就是釐清目標客戶究竟是誰。你可以根據你客戶的年紀、職業、教育程度，和居住地等，描繪出你的目標客戶形象，還可以給這個目標客戶取一個名字，在行銷文件當中，討論會裡就利用這一個目標客戶的名字，你就有一個很清晰的對象進行做討論。

二、銷售漏斗

　　目標客戶群是一個巨大的範圍，你並無法讓所有的目標客戶群都成為你的客戶，其中只有一小部分最後會變成你的客戶。但這些客戶為何選擇你的產品，就有賴於你的產品定位、價格、品牌、形象等。目標客戶經過你的行銷，以及業務的努力，最後成功下訂單，這個過程就稱為銷售漏斗。漏斗最上面的開口拉最大之後往下逐漸收縮，最上面就是目標客戶群，最下面就是真實訂單。行銷的功用就是在整個過程當中，利用各種可以使用的工具，將客戶的意願一層一層的提升，讓他們越來越有興趣購買產品，並回答他們的疑惑，最後真正願意下單。

　　不同的產業會有不同的行銷下單方法，但都是行銷漏

斗概念，例如以外貿產業來說，目的是吸引國外買家購買產品，因此你會出國參加各種展覽，在現場介紹產品並收集來賓名片，後續並針對這些潛在客戶名單，陸續提供產品介紹、產品手冊、新品上市、展覽參展說明等等，並請業務人員與客戶聯繫，回答客戶疑問，這就是行銷漏斗過程。

　　線上電商的行銷漏斗，是在各種大眾媒體或是社群媒體上面打廣告，對產品有興趣的人被吸引進入網站，就開始進入行銷漏斗。可以透過自動郵件行銷過程，逐步推送對他有意義資訊，並給限期折價卷促進購買，最後客戶在網路上下單。但訂單完成客戶可能後續還會持續購買，因此即使他之前沒有訂閱電子報，也要持續對曾經購買的客戶，發送對他有意義行銷郵件。

三、網路流量

　　大部分的客戶都是透過網路進入銷售漏斗，網路流量分為「你可以控制」跟「你不能控制」。

　　1.你可以控制：臉書、IG、谷歌廣告，以及所擁有的電
　　　子報郵件名單。

　　2.你不能控制：谷歌網站搜尋，社群媒體貼文流量。

　　你可以控制的流量主要是廣告，也就是付錢給臉書或是谷歌，就能夠吸引一群人進入網頁，這是大多數品牌所熟悉帶來流量方法。但這些流量有花錢就能進來，不花錢在流量就停止。對於知名大品牌，有足夠多預算能夠持續一直花

錢買廣告。但對大多數中小型品牌，沒有辦法花錢一直買廣告，就必須尋找另外可以控制的流量來源，就是透過累積電子報名單。

不能控制的流量，也是不用花錢的流量，這主要就是透過谷歌搜尋所帶來的流量。透過在網頁寫文章或部落格、線上媒體刊登文章等，這些頁面經過谷歌的搜尋排序之後，當有人搜尋關鍵字，你的文章就會呈現在目標客戶前。其中有某些比例會點擊進入你的網站查看這些文章，如果你的網站內容夠豐富，他們還會再點擊不同頁面尋找更多他們感興趣的內容。

不能控制的流量不需要花錢，但是需要花時間去寫這些對目標客戶感興趣的文案內容，同時用一篇文章谷歌排名在第一頁的第一位，跟排名在第10位所帶來的流量差很多，可以在網路上搜尋有關谷歌搜尋排名技巧來提升。

第二章
郵件行銷優點

第一節　郵件行銷流程

一、吸引留下聯繫方法

　　郵件行銷第一步是收集名單，對企業而言，網站是對外門面，潛在客戶想了解一定會到網站瀏覽。而進入網站的訪客全部都是匿名，不知道他們是誰，只能透過Google Analytics（GA）可以知道他們從何而來，從哪個網頁進入，去了哪些頁面，有沒有購買產品以及金額，從哪個頁面離開。

　　一個陌生訪客，下次又回到你的網站可能性趨近於零，因此要趁他這次到網站，想辦法讓他留下聯繫方法，最好做法就是讓他留下郵件地址。這是國內外網站主流運作方式，你應該有經驗在瀏覽各種網站時，會跳出視窗詢問你要不要加入電子報。

　　但除非訪客真的對這個網站有興趣，否則一定是快速關閉這個要求加入電子報頁面，然後持續瀏覽網站。因此，僅詢問對方要不要加入電子報效用非常低，只有真正有意願要

加入的人才會填寫，對於其他人，必須有其它技巧來提升電子報名單加入意願。

這做法稱為Lead Magnet（客戶磁鐵，誘因），也就是提供一份目標客戶群會感到有興趣的資料，可能是個影片、PDF、白皮書等等，想收到者填寫郵件地址，之後透過自動郵件寄送給對方。這個過程你提供資訊，是網站訪客很想要了解，因此會填下正確郵件地址去接收。你也獲得了這郵件名單，可以作為未來郵件行銷所用，但也要注意若需行銷到歐盟，需符合GDPR隱私規範，客戶填寫郵件時，也要提醒他郵件地址將作為未來電子報行銷之用。

二、開始利用郵件行銷

透過郵件訂閱誘因獲得了潛在客戶郵件地址，他們願意把郵件地址給你，代表對你的產品或服務有相當程度信賴，也會希望了解更多相關資訊。從擁有了客戶郵件地址開始，可以設計一系列的自動化郵件，因為這個時候客戶對你的產品或服務的信任卻是最高，他們透過茫茫的網路當中搜尋到你網站，經閱讀網頁內容，最後還留下郵件地址。因此要在他們最感興趣的時候，盡可能的讓他們熟悉產品與服務並購買。自動化郵件系列就是好的做法，再搭配開信觸發做法，對客戶最有興趣的某些條件行銷內容，即時提供促銷折扣、限期促銷讓他們購買。

有了潛在客戶郵件地址也需要客戶分類，例如依照男

性、女性、地理位置做不同的分類。因爲未來在做郵件行銷時，同一封郵件不應該發給所有郵件名單裡的人，郵件行銷最重要是要在正確的時間發給想看的人。同樣促銷內容不會是所有人都有興趣，因此你必須區分客戶的屬性，未來才能正確的做郵件行銷。

三、轉換成訂單

但不要以爲獲得了客戶的郵件名單，就可以輕鬆轉換成訂單，以國外網站GetResponse統計（註），一個產品銷售活動，透過幾次已經是設計良好的系列電子報自動發出，最後購買轉換率大約也只有1%。雖然似乎聽起來很低，卻是所有行銷活動當中最高的比例，例如放在電視或是紙本雜誌的廣告費，根本無法計算精確投資回報率。而最能精確追蹤成效的網路廣告，從廣告點擊進入網站有轉換率，再從網站點擊購買最後眞正成交付款轉換率，由於都是陌生客戶缺乏信賴度，從網路廣告到成交訂單並不高。

而且手上握有潛在客戶郵件名單，未來可以一次又一次地對他發送電子報，每次發送都有機會可以再度購買，因爲你掌握了郵件這直接聯繫收信人方法，只要他願意打開寄送的電子報，就有成交機會。這跟臉書或是谷歌廣告不同，廣告一但停止就沒有客戶流量，你根本沒有掌握眞正的潛在客戶。

只要郵件行銷內容做得好，客戶持續對所提供的服務

有興趣，你的郵件名單就是印鈔機。但畢竟隨著時空環境變化，興趣會改變有可能就不想繼續訂閱電子報。如果收信人已經不想訂閱，就應該提供取消訂閱讓他移除。並且不要瘋狂的轟炸客戶，天天都發電子報，而且內容都是各式各樣的大促銷，怕客戶覺得非常反感，既使你沒有提供取消訂閱，客戶還是能夠檢舉你亂發垃圾信。因此做好正確的分眾行銷，把訊息、電子報在正確的時間發給正確的人，才能夠達到最大化效果。

註：資料來自GetResponse https://www.getresponse.com/resources/reports/email-marketing-benchmarks

第二節　掌握直接聯絡到客戶行銷管道

一、社群媒體受制於演算法

　　社群媒體興起之後，吸引大量行銷眼光，畢竟社群媒體吸引大量使用者注意力，一個人若把能用的時間都在社群媒體上，就不會有時間去關注其它行銷媒體。而社群媒體是朋友互相分享資訊，因此若大多數朋友都在特定社群上，加入

其中才有意義，這也造就了社群媒體大者恆大，而企業行銷主管也會把資源放在越大的社群平台吸引關注。

但正確來說，不論在哪種社群平台，品牌企業擁有的名單並不屬於自己，這些都屬於社群媒體客戶。因為你不知道這些粉絲們真正是誰、能如何聯繫，只知道他的社群媒體帳號。而社群媒體也為盈利企業，需要創造自己企業最大利潤，因此可以依照特定需求進行演算法調整，過去可能品牌企業一則貼文，全部追蹤者都能看到，但演算法調整後，一則貼文效果就逐步降低僅有少數追蹤者看到。社群媒體調整演算法也不需昭告這些建立帳號的品牌企業，只要有需求就能改變。

社群媒體演算法改變，讓那些把行銷策略與預算，主要用在增加社群追蹤人數的企業行銷部門叫苦連天，因為他們過去靠社群媒體吸引用戶，而一夕間演算法更換，變得沒有效用。這就是沒有真正掌握自己客戶，因為每個社群媒體上追蹤者其實都是社群平台會員，而不是企業自己擁有。

因此若仰賴社群媒體吸引客戶，它們每次演算法變更，都造成你在這些媒體上面的顧客觸及率變小。而社群媒體彼此間也存在競爭，當一家行銷效果降低或是調升廣告費用，競爭者就會降價吸引企業，但等到企業熟悉這一社群平台，就換這平台調高價格，品牌企業又得要搬遷到其他社群媒體。這一次又一次搬遷行銷通路，根本原因就是沒有掌握自己客戶名單。

二、谷歌會改變搜尋排序

谷歌同樣會調整它演算法（註），而且在過去幾年來已經多次調整過。如果客戶來源主要透過谷歌搜尋引擎優化（Search Engine Optimization，SEO），每一次的谷歌調整演算法，都是對沒有擁有郵件名單企業打擊，讓行銷效果越來越低。

谷歌所帶來的流量分成兩種，一種是透過SEO所帶來，另外一個方法就是透過廣告。

1. 谷歌SEO：這是自然排序，要依照網站文章內容，谷歌會主動決定這篇文章在搜尋結果後的排序高低，最符合用戶搜尋答案的當然排越前面。雖然SEO有各式各樣做法，但是創造符合搜尋者所想要答案，卻是始終不變。但這個方法很慢，每篇網頁文章放到網路上，至少要經過幾個月時間，才能確定搜尋排序位置。行銷部門沒有那麼長時間去等待，公司列了這個季度行銷預算，不可能現在花錢後告訴行銷部門主管，要再等兩個季度才能看到成果。

2. 谷歌廣告：透過廣告所帶來到網站流量速度快但花錢才有，而且這是競價廣告，是利用鎖定之關鍵字與其他購買廣告者互相競爭，出價最高可以排在最前面，擁有最高點擊率。然而究竟背後演算法如何運作，這也是掌握在谷歌手上並無從得知。

這些透過谷歌所帶進來流量，即使谷歌知道訪客是誰，卻是「去識別化」提供給網站管理員，作為企業主完全不知道這些進來訪客究竟是誰，所以需要把匿名訪客轉換成自己擁有郵件名單。也就是不管社群媒體或搜尋引擎所帶來流量，並不知道這些訪客的真實身份，一旦訪客到了你網站，就要想盡辦法換成自己能掌控郵件名單。

　　註：資料來自 https://developers.google.com/search/blog/2019/08/core-updates

三、唯有郵件直達客戶手上

　　主流社群媒體的確是影響力龐大行銷方式，也能帶來有效客戶，一個擁有10萬名追蹤者的社群帳號，當然勝過只有1萬名。但既然如前文所述，社群媒體帳號不屬於你所擁有，撇開演算法改變造成貼文觸及率降低不論，要是哪天你的品牌社群媒體帳號因為各種原因突然被封鎖，原本所擁有的跟追隨者一夕間消失，因為這些本來就不屬於你所擁有。

　　不要把自己品牌命運交給別人，可以在社群媒體上建立自己品牌影響力，吸引越多人來追隨，但不能夠放棄自己擁有最終客戶名單。在所有的行銷通路當中，唯有郵件是自己掌握最終用戶，每一個辛苦收集到用戶訂閱郵件名單，未來當你需要發送行銷訊息，可以直接發到他收信匣，如果內容

是感興趣，收信人便會打開郵件進而點擊直接做互動。因此企業擁有自己郵件名單，就是擁有自己直接面對最終客戶，市面上雖然有各式各樣的社群媒體或是行銷工具，讓人眼花繚亂吸引企業主眼光，但這些都是其它行銷平台想要藉此賺錢，不管網路流量從何而來，最終都是需要把網站訪客轉換爲自己能夠控制的郵件名單。

第三節　電子報郵件行銷優點

一、性價比極高行銷工具

網路行銷是當今主流行銷作法，方式與管道非常多而且層出不窮，但不同的平台彼此不相容，臉書／IG與Line都能發訊息但彼此無法互通。抑或是網路廣告雖然門檻低，但掌握權卻在網路廣告平台上，它們不會提供給品牌行銷人員真實客戶資料。這讓行銷人員一直在尋找能長期使用、穩定可靠行銷工具。正確來說，只有兩種行銷工具是品牌能真正掌握名單，並可直接發送訊息到最終用戶手上：簡訊跟電子郵件。其餘不管使用臉書、谷歌、Line等等，雖也可以發訊息到用戶手上，但都沒有擁有用戶名單。

而且行銷工具流行來來去去，雖然現在有某些社群媒體廣受歡迎，但卻可能隨時改變演算法降低貼文效果，或是持

續調高官方帳號價格。谷歌SEO與廣告也深受歡迎，但是谷歌同樣持續更改演算法，讓許多過去可行的網頁排名做法，一夕間失去效果。而各式各樣的即時通訊，例如Line、微信Wechat、Whatsapp等等，共同問題就是必須綁定在該系統上，彼此無法互通，也就造成在同一國家只有一家獨大（Line在台灣、日本；微信在中國），讓行銷人員受制於這些系統。

因此最基礎兩個可以自己擁有最終用戶之媒體，仍是行銷人員需掌握：電子郵件跟簡訊。

1. 電子郵件：即使在一波又一波行銷工具改變，電子郵件仍然屹立不搖，甚至在智慧型手機普及之後更加受重視，因為所有手機跟通訊社群軟體，都以電子郵件作為帳號依據。而相較於簡訊須透過電信商發送價格比電子郵件貴。如果郵件發送數量很少，透過Gmail就可以發送，但若郵件數量攀升就得透過電子報專業廠商。電子郵件不僅是可以直接到收信對象手上，而且費用低，因此成為品牌企業與客戶行銷溝通廣泛使用方法。

2. 簡訊：簡訊也曾經有一段輝煌歷史，在智慧型手機還沒有出現那年代，每逢元旦或過年過節，朋友間都用簡訊跟對方問候，但隨著智慧型手機高速普及，即時通訊幾乎取代了朋友之間訊息傳遞，簡訊只剩下陌生朋友與廠商使用。

二、從少量到大量皆可

利用電子郵件行銷發展已經有20年，技術相當成熟。從個人或微型企業每天發送數小於500封郵件，到大型品牌客戶每天發送超過千萬封郵件，電子報從小客戶到規模巨大品牌都適用。在台灣市場上郵件行銷提供業者，有些是專攻中小型企業，例如美國MailChimp，對於中大型企業電子報則有《沛盛資訊》提供服務。

當然不同規模企業需求也不同，例如中小企業訴求是簡單易用，因此電子報系統要提供預先設計樣板，行銷人員可直接挑選樣板、修改文字與圖片就可發送，但品牌大企業通常都有公司風格電子報樣板，反而不會選用與別人共用電子報樣板。相較於中小企業偏愛簡單易用電子報系統，大型企業更注重系統穩定性、資安、跟內部系統介接，以及彈性客制開發。

也由於電子報郵件行銷價格不高、使用簡易且效果弘大，因此廣受各種規模企業行銷部門熱愛，不論公司是屬於哪種規模，都可以利用電子報達到所需行銷目的。

三、可量化成果

電子報完全透過線上運作，從發送開始整個行銷過程完全可以量化追蹤，能清楚知道投入費用與效益。電子報量化追蹤主要為四大項目，成功發送數、退信數、開啟率、與點

擊率。

1. 成功發送數：代表成功發出的電子報郵件總數，通常跟有效名單有密切關係，名單越多能觸及目標客戶越多，能累積開啟與點擊也越多。

2. 退信數：電子報任務不免有些退信，可能是由於這郵件帳號已離職、網域已不存在或收信信箱已滿。郵件名單必須經常做清理，把最近多次退信名單從資料庫中刪掉，因為很可能這郵件地址已經沒有繼續使用。

3. 開啟率：這是行銷主管最看重郵件行銷指標，甚至只要查看當天發送電子報開啟率，就可以預估業績好壞。電子報開啟率跟主旨、預覽文字、發送頻率，和寄件人，以及寄達時間等因素有關。

4. 點擊率：郵件行銷最終是要對方產生某種行動，很可能是到網上購買產品，或是去領取折價卷，這就會在點擊率上面呈現。點擊率越高，也代表這次郵件行銷越成功。

四、回應速度快

郵件行銷成果反應非常快，由於消費者幾乎都用智慧型手機查看郵件，在電子報郵件發送過後1分鐘，就會陸陸續續看到郵件開啟、點擊。等於是郵件行銷成效，在很短時間之內就可以知道清楚量化結果。

一則電子報行銷檔期發送，當天開啟數量會最多，差不

多三天內大多數人都已開啟，一週內有意願開啟者都已經開啟。所以電子報行銷反應速度快，執行周期短，非常適合現在行銷部門，經常處於快速反應市場需求。同時消費者的注意力也非常破碎化，必須用最短時間去抓住他們目光。用電子報就可以快速測試，若測試錯誤可更換主旨、文案再度嘗試。

五、可分眾測試

電子報行銷還可以做小規模分眾測試，針對不同的主旨、預覽文字、發送時間，進行智慧型「AI Test」。這是改進傳統「AB Test」缺點，能大幅提升開啟率。測試方法是先選定某個測試電子郵件數量（例如1萬封郵件的10%，共1,000封，分為AB兩批各500封），依照這次測試開啟率大之主旨進行發送1,000封，往後之1000封郵件則以前面所有發送數，選取開啟率高主旨發送，以此類推。

由於每次發送任務，都比較哪一個累積主旨開啟率較高，再使用開啟率高的主旨發送，若有不同則下一批立刻改用另外一個主旨來做發送。透過這種小規模測試，再加上電子報成效結果速度非常快，讓電子報成為非常科學化行銷工具，可以不斷把想法立刻化為電子報行銷測試，隨即馬上查看收信人對這一則行銷作法回饋，便可立刻改善再做測試，調整成最佳行銷成果。

六、個人化

電子報還能加上個人化內容讓收信人倍感受重視，這是在郵件的內文，採用動態、靜態置換的方式，在特定的位置加入收信人稱呼，最常見的就是在郵件開頭以及主旨，稱呼收信人的名字。因為郵件過去本來就是一對一的寫信，寫郵件給朋友，信件的一開頭都會稱呼他的名字，因此郵件行銷也要模擬這種朋友之間的郵件方法，在收集名單的時候，收集對方的姓名稱謂，再利用媒合的方式，把這姓名進入到郵件內文適當的位置，讓收信人不覺得這是一封大量寄送郵件行銷，而讓他覺得這是封專門發給他郵件內容。

七、許可式行銷

行銷可分為主動式跟被動式，收到行銷訊息的人主動要求收到，這是主動式行銷且效果最好。電視廣告或社群媒體廣告則屬於被動式行銷，原本快樂的在看電視節目，但卻被中斷進廣告，不管這廣告是否有興趣。

但是電子報行銷不一樣，收信人通常是主動去訂閱電子報，他對所提供商品或是服務感興趣，因此訂閱了這電子報，希望未來持續收到他想要的資訊內容，或是最新促銷折扣、生日特別的優惠卷等等，這些都是收信人允許對他做行銷，而且也期待提供的郵件內容都是他想要，不要去發垃圾信。因此既然你的電子報收信人特別給你這樣允許，也要珍

重這份托付，不要發送垃圾信，想辦法區分收信人屬性，依照不同人的喜愛提供給他真正感興趣的郵件內容。

八、可自動化進行

電子報行銷不僅能完全數位化進行，它還能自動化進行，所以才廣受大品牌企業行銷人熱愛。

自動化電子報行銷，第一種是觸發行銷，當收信人打開，立刻再發送給他一封限時優惠卷郵件，提高購買意願。例如旅遊業發送電子報，裡面有日本、美國、英國旅遊行程，若收信人開信後點擊日本旅程介紹，就自動觸發專屬日本旅遊行程電子郵件給他。由於透過第一封郵件點擊，明確知道收信人對日本有興趣，因此即時給予精準折扣，大幅提升成交機率。

第二種是系列化自動郵件，是預先設計一連串電子郵件過程，提供客戶某種銷售情境，逐步地讓客戶對品牌產生信任，進而去購買產品。例如當網站訪客剛註冊電子報時，就進入預先編排好的自動化郵件流程。例如總共六封郵件，分散在六週內每週一封，每次都會介紹所提供的產品或服務特色，或提供相關免費資訊，又或者回答客戶心中常見問題，透過這種方式，讓潛在客戶逐漸對你產生信賴。在這系列最後幾封郵件，開始提供限時購買產品方案。這種郵件自動化進行，可以讓每個訂閱人都按照這個事先設計好的流程，自動接受郵件行銷訊息，當自動郵件流程設計與優化完畢之後，就等於是擁有能自動賺錢機器。

第三章
電子報系統架構

　　在谷歌搜尋電子報發送系統，絕大多數都是雲端電子報，因為這是中小型企業最主要使用方式，需求最多提供企業也最多。但若是大型電商或金融業，每天需發送數十萬、百萬甚或千萬封以上郵件，雲端電子報便不適合，必須選用能高速發送電子報廠商。本章將以具有中大型郵件發送經驗之《沛盛資訊》所規劃之電子報系統架構，解釋不同規模發送量適合之架構。

第一節　混合雲

一、運作說明

1. 適用客戶：行銷類電子報每次發送50萬封以上，或是特別注重資安之銀行、證券、人壽、保險業。
2. 網頁系統操作：電子報／帳單網頁操作登入位於公司內部主機系統。
3. 產信：行銷類電子報也可傳送一份郵件HTML內容與

收件人名單，交由專門電子報提供商《沛盛資訊》產信；金融業可透過企業內部系統，產生郵件與附件加密PDF確保資安。

4.發信：由《沛盛資訊》位於台灣郵件機房發送。

符合對資安要求高，又避免私有雲需自行建置軟硬體與維護，將最困難發信交由《沛盛資訊》發送，擁有省錢、省事、安全等優點。

隨著雲端計算服務在IT界越來越普遍，許多企業資訊主管已經不再認為軟體系統都一定要安裝在公司內部，不僅增加大量軟硬體購買成本，還需配置人力維運。電子郵件發送包含電子報與電子帳單，採用混合雲方式，不僅能達到高度資安要求，更省下軟硬體與人員管理支出，且符合金融業法規要求。

二、省錢、省事、安全

（一）省錢

大型品牌企業、大型電商、跨國公司、金融產業等，過去它們電子報架構主要都是將系統建構在公司內部，稱為私有雲。但私有雲建置成本高、過程複雜、維護困難，但若採用雲端架構，對大企業與金融業又擔心有資安疑慮，混合雲架構就是兼具私有雲安全性與公有雲便利性。

以此架構企業內部僅需普通電腦服務器即可進行，也不需購買昂貴資料庫，甚至免費版本即可（SQL Express、

MYSQL……），也不需專人系統管理，安裝快速維運容易，可以節省資訊部門大量經費。

（二）省事

一封電子報分為郵件產信以及發送。以Outlook而言，寫信是編輯，按下發送後，Outlook會將郵件產出之後交由發信服務器SMTP進行發送。企業級電子報服務，最困難的是如何把郵件發出而非產出郵件。

因為郵件發送牽涉到複雜收發之間通信協定，更為了避免被收信方拒收，通常需具備越多發送IP越好，但若管理不善，卻會造成IP進黑名單資料庫，讓公司急於發送節慶電子報全部卡關。因此若把郵件在企業內部生成，包含郵件加密等確保資安，但是把最困難對外發送交由《沛盛資訊》進行，這對企業資訊部與行銷部都是最省事作法。

（三）安全

混合雲廣受大型企業喜愛，因為擁有私有雲與公有雲優點，在資訊安全性又避免了兩者缺點服務架構。以特別注重資安的金融業，可在公司內部產出完整經加密後電子帳單郵件，再透過《沛盛資訊》發送，由於機密敏感個資已經加密，完全符合監理單位法規要求。

三、高安全性的混合雲發送

大型品牌企業跟銀行、證券、保險等金融機構，過去存有自建私有雲系統才是安全性最高錯誤迷思，因為忽略了

公司內多種系統，各有不同防火牆進出連通需求，資安設定極爲複雜，需有足夠多專業資安人員隨時監控。且越多系統也意味越多漏洞，造成卽使知名企業、銀行都曾發生勒索病毒、釣魚詐騙等資安破口。

混合雲採用針對郵件專用資安防護，任務屬性單一，由專業資安人員管理多套企業混合雲系統，更了解郵件資安所需架構，比起企業自建郵件發送軟硬體，混合雲比私有雲在資訊安全保護上更爲勝出。

四、符合金融監理法規

銀行、證券、保險等金融業者，常以爲電子帳單、對帳單、保險送金單等，一定要從公司內部私有雲發送才符合法規，但以「CA-11140客戶帳戶之管理作業」及相關法令，均爲要求金融帳單寄送與查對紀錄，以及防止客戶資料被洩露、竊取或竄改，且條文也規定帳單採委外處理者，資安要求比照內部發送等級辦理。

金融監管法規並要求委外處理需依證交法、個資法及其他相關法令之規定，發送帳單資料須加密並隱匿足資識別個資，受託機構應建立必要之資安管理制度，並同意主管機構爲相關查核。

以混合雲寄送對資安要求最高電子帳單，發送帳單郵件均加簽、加密與憑證簽署，帳單郵件在金融機構內部產生郵件本文，並對帳單資料PDF加密後，再傳送到《沛盛資訊》

代為發送，由於附件已經加密，客戶個資內容並不會洩漏。

　　再以委外單位所需資安要求而言，選擇已建立完整內部資安管理制度，有客戶資安審核通過經驗之郵件發送公司，並要求發送主機均位於台灣，可通過嚴格法規查核符合資安條件。

第二節　專機

一、運作說明

1. 適用客戶：電子報有特殊客製化（如報表、串接等）需求的大型企業。
2. 網頁系統操作：電子報／帳單網頁操作登入位於專用主機系統。
3. 產信：主要透過企業內部生成郵件並加密敏感個資確保資安，若行銷類電子報不牽涉到個資，也可傳送一份電子報html內容與發送名單，交由《沛盛資訊》產信。
4. 發信：由《沛盛資訊》位於台灣郵件機房發送。

　　可依需客製所需雲端主機服務功能，擁有雲端服務方便又有自有主機高度控制性。專機運作方式，滿足品牌大企業想使用雲端系統服務，特別是跨國企業在台灣運作單位，

通常不傾向公司內再安裝各種電腦系統，且因獨特功能需求或不希望與他人共用雲端主機服務，專為此種企業級客戶提供專屬電子郵件／電子帳單系統，專機客戶可依需求提出功能，《沛盛資訊》客製專屬系統。

二、大量發送郵件主機代管

隨著Amazon／Azure等雲端服務逐漸被大型企業接受，為滿足品牌大企業習慣使用雲端系統服務，但因資安考量或獨特功能需求希望能擁有整個主機管理，專為此種企業級客戶提供專屬電子郵件／電子帳單系統，客戶可依客製需求提出功能，依需求建置專屬系統。擁有自有主機高度控制性，但複雜的軟硬體維護，則由《沛盛資訊》負責，企業客戶以發送郵件封數來計價。

基本服務：
- 上線速度快，專用網頁登入使用簡便
- 專用系統不與其它客戶共用
- 企業客戶完全不需採購軟硬體與維運

特色服務：
- 專機專用，可完全依照企業客戶需求建置
- OTP、綁定IP等資安建置
- 與企業原有系統透過API串接發送名單與報表

三、專機與混合雲比較

大型企業郵件發送量大，但又理解私有雲費用高、成效低，混合雲與專機是兩種合適選項。混合雲適合企業客戶公司內部有不同系統（ERP、CRM……）需串接，或金融業者生成電子帳單郵件後，由專業廠商進行郵件發送。

但混合雲必須在公司內部安裝簡易版本發信系統，並需有資料庫進行發信資料與回傳報表之用。但基於資安考量，有些公司對於要安裝新軟體系統在公司內，有許多嚴格規定，特別是跨國公司在台灣分公司，基本上都不允許公司內新設系統。因此，專機則適合完全不允許公司內部再安裝任何軟硬體，純粹在專用代管主機使用，不需額外人力維護，公司內部也無需增加資安風險系統，可在專機進行各種電子報／帳單客製功能。企業客戶內不同部門操作人員，可直接連到專機以網頁操作進行郵件發送、名單管理、報表等全部電子報系統功能。

四、專機安全架構

- · SSL／TLS連線：網頁操作介面及HTTP API連線均提供加密HTTPS SSL連線，目錄介接可提供SFTP連線。發送Email／SMS時可依接收方能力進行SSL／TLS加密傳送。
- · IP限制：可限定連線IP，包含網頁操作介面、HTTP

API、SFTP／FTP等等連線。

· 連線裝置限制：網頁操作介面及HTTP API連線可限定連線裝置，如可限定瀏覽器或是限定非手機行動瀏覽器連線。

· 登錄通知：每次登錄（成功或是失敗等任何嘗試登錄行爲）可發出即時通知（Email、SMS或第三方通知系統整合）。

· OTP（one time password驗證）輔助：可在正常登錄時再提供OTP驗證，以確保登錄者以獲得授權。

· 資料Hash：可提供Email／SMS等發送名單Hash後才儲存在資料庫或檔案等永久裝置的服務。由於Hash有不可逆轉的功能，因此除非有原始資料進行比對，否則無法得知發送名單。

· 資料加密：可提供Email／SMS等發送名單加密後才儲存在資料庫或檔案等永久裝置的服務。有雙重密碼（使用者指定及系統設定），所以除非同時拿到雙重密碼及知道加密方式，否則無法得知原始發送名單。

· 郵件憑證加簽：郵件除了適用 DMARC／SPF／DKIM加簽外還可提供專屬憑證做加簽（適用帳單發送服務或是特殊需求服務）。

· 其它特殊需求：如VPN、客製的加密連線服務均可需求整合提供服務。

五、專機備援架構

· 叢集系統：多機系統（2台以上）同時運作，彼此備援，任何機器因故停止運作，其它機器可及時備援，不影響運作。適用對象：高發送量（單日千萬封以上）或是特殊需求客戶。
· 備援系統：分為主機系統與備援系統，當主機系統因故停止運作時，備援系統會自動啟動即時備援。
· 使用符合ISO 27001標準之機房安全架構。
· 網路流量與連線品質監控。
· 除提供自動監控服務，並定期掃毒／防駭檢查／OS更新升級。

第三節　公雲

一、運作說明

1.適用客戶：中小企業電子報發送。
2.網頁系統操作：雲端網頁操作登入。
3.產信與發信：由《沛盛資訊》位於台灣機房提供服務。
對於電子報發送量不大品牌客戶，簡單易用的公雲電子

報系統就是首選，如同Gmail般容易上手介面，線上購買點數直接就能發送。

公雲是小型企業開始發電子報最佳入門方式，不需複雜軟硬體設置，只要簡單購買點數註冊公雲帳號，就能如同Gmail般開始發出電子報。但即使簡單入手，背後的系統架構卻一點也不簡單，等同於大型企業資安架構，搭配高速發送郵件引擎，以及詳細追蹤成效報表。

二、選擇雲端電子報考量

公雲電子報系統是產業競爭最激烈領域，不僅在台灣有多家國內業者，在國際上也有許多廠商如MailChimp、Benchmark等，對中小企業而言，選擇國外廠商除了需以英文介面操作，最大問題就是遇到障礙無人可協助，僅能線上查閱參考文件跟網路搜尋相關資料。但即使發送量不大，光是為了解決郵件都進垃圾信，或是SPF／DKIM／DMARC設定錯誤等，這些都牽涉到複雜郵件技術知識，普通公司行銷人員很難自行完整理解。而台灣的電子報公司主要都是雲端服務訴求中小企業，透過許多文章撰寫也協助推廣許多正確電子報知識，但由於公司規模與技術能力受限，若遇到特殊狀況就難排除。

《沛盛資訊》在台灣經營十多年，且自主開發郵件發送技術，主要協助中大型企業郵件行銷，並有客服協助回答客戶使用遇到問題，比起國外電子報廠商，能提供在地化親切

服務，相對於台灣本地廠商，更能提供專業技術協助化解郵件疑難雜症。

三、功能強大卻容易使用

公雲電子報發送特別注重易學易用，要讓即使完全不懂電子報發送用戶，都能簡單操作系統發出電子報。但簡單易用不代表功能陽春。《沛盛資訊》將強大功能包裹在簡單網頁之中，當使用者有需要，都能立即啟動各種特色功能。例如「AI Test」就是超越傳統「AB Test」功能，可以根據不同主旨與預覽文字，自動產生最佳主旨與預覽文字組合，以達最大開啟率成果。

中小型企業凡是擁有自己電子郵件發送對象名單，都適合使用公雲電子報服務，這是最省經費且最有效率的與會員聯繫的方式，透過電子報發送經常性促銷訊息，郵件直達收件人信箱。即使是公雲服務，若企業自有系統需發送購物通知、出貨通知、密碼認證……均可透過API串接達成。

第四節　私雲

一、運作說明

1.適用客戶：僅有少數非常大型金融企業或特殊目的企業必需使用私有雲架構。
2.網頁系統操作：電子報／帳單網頁操作登入位於公司內部主機系統。
3.產信與發信：透過企業機房與對外網路IP發送，擁有最大控制度。

二、曾經輝煌的傳統軟體建置

在2010年以前Amazon／Azure雲端服務架構尚未完善，企業所有軟體都在公司內部購買硬體安裝，為私有雲架構。但在雲端架構與網路服務高速發展今日，多數企業已經屏棄私雲，原因在於建置費用高、維護費用高、使用效率低，且若未特別有專人維護反而資安風險高。混合雲或專機已可完全取代私雲，即使對資安最嚴格之大型金融業者也逐步採納。

即使透過雲端運算已經廣為普及，仍然有些企業不希望企業資料在雲端，採用私有雲建置資訊安全性高，自主控制性強，可以依照需求變更軟硬體架構，但建置成本與後期維護成本極高。採用私雲架構，除了購買《沛盛資訊》私有雲電子報軟體外，客戶需要自行購買合適之硬體設備，預先裝入適當之作業系統與資料庫，並需有熟悉軟體與通訊架構之內部工程師作為日後維護之用。

三、使用私雲需求之誤解

除了大型金融業之外，已經少見企業採用私雲發送電子報，但依舊有不少企業客戶對私有雲有興趣，實務上卻不適合，統整現在有意願使用私雲，常見以下幾項需求誤解：

（一）電子報發送量大，因此私雲費用較低

錯誤，整體成本更高。

私雲從建置期軟硬體購買費用再加上持續性人力維運管理，私雲整體成本遠高過混合雲。過去許多客戶為了節省成本用MYSQL等免費資料庫，但若技術人員不熟悉維運，反而造成後續更大維護與資安成本。

（二）系統都在企業內部，資安等級最高

錯誤，系統越多資安越難管理。

資安強化需要專業人員維護，越多異質系統就越增加資安複雜度，簡化系統才能提升資安強度。採用混合雲將郵件服務集中管理，系統單一更提升資安等級。私雲架構在公司內部新增多台硬體與軟體，並需開防火牆對外發送郵件，整體資安防護難度增加，因此安全風險提高。

（三）安裝在企業內部，才可與內部不同系統介接

錯誤，採用混合雲同樣簡單與企業內系統串接。

由於混合雲透過目錄API，內部系統可直接將發送名單／內容匯出後，直接放到目錄中，無需寫程式即可快速介接，整合度高上線快速。

第四章
電子報系統選擇考量

第一節　以發送數量做選擇

　　發送系統選擇評估係以單次郵件數爲依據,而非以所擁有電子郵件名單數量做選擇,原因在於對電腦系統負載量,是以每次發送內容判斷。而卽使所擁有電子報名單數量龐大,但是因已將客戶分類,每次發送電子報僅挑選名單中部分發送,所以不適合用來評斷發送數量大小。

一、單次500萬封以上

　　‧推薦方式:混合雲電子報系統。

　　每次要發送超過500萬封以上郵件,以這規模發送數量,最重要是能成功發送出去,因爲這等級數量,已經不是普通修改開源碼郵件發送程式就能解決。建議使用混合雲架構進行發送,因爲《沛盛資訊》郵件平台擁有許多大型客戶,配備數量龐大固定IP,以及自行開發郵件發送引擎,每天可發送超過一億封郵件,若有特殊需求還可以再增加固定IP以及發信機,絕對可以容納數量龐大郵件發信。

除了混合雲架構外，也可使用安裝在公司裡採用私有雲方式進行發送。但這必須配置足夠固定IP，還有對外頻寬也需考量，才能有足夠軟硬體能力進行大量郵件發送。也需考量本地備援、異地備援、叢集等架構，萬一主要發信服務遇到任何中斷，立刻可以轉換到備援系統。因此考量整體軟硬體架構，以及後續持續投入人力維護成本，許多原本採用私有雲架構的客戶，最後都發現所需負擔成本極為龐大，因此轉成混合雲委託給《沛盛資訊》進行大量郵件發送。

二、單次100萬～500萬封

　　‧推薦方式：混合雲電子報系統。

　　此規模等級郵件發送數量看似很大，許多企業初期會考慮使用私有雲。但私有雲架構必須購買服務器、資料庫、作業系統，多組固定IP以及後續人力維護，在這個發送數量區間內採用私有雲架構，實際統計下並不划算，反而是混合雲以封計費還更便宜。

　　因此推薦使用混合雲架構，不需額外購買複雜硬體架構，也無需人力維護管理，即使是最注重資訊安全的金融產業，也有多間國內外企業使用混合雲架構，既可以保有個資安全性，又不需擔心困難的郵件發送系統運作。

三、單次10萬～100萬封

・推薦方式：混合雲或專機電子報系統。

許多中型公司發送量在此區間，選擇電子報系統時務必謹慎避免無法發送或成本過高，推薦使用混合雲或專機發送。

除了《沛盛資訊》自行開發高速郵件發信引擎外，其餘電子報廠商，發送引擎多半是改自Postfix、Sendmail郵件伺服器，或是開源碼的郵件伺服器，這類型的發信引擎，效能應付一天發送幾萬封還可以，但如果是一次要發送超過幾十萬封，恐怕就會遇到效能瓶頸。

因此在使用這些沒有發信引擎廠商，在選擇需考慮是否會有效能問題，在測試時只有少量發送是無法測試出問題。這些電子報系統，標榜易學易用、電子報樣板很多，線上修改就能發送，但等到真正使用後，重要節日促銷電子報發到節日過了都還沒發完。

推薦這發信量等級使用混合雲或專機系統。混合雲好處是不需擔憂發信所需的軟硬體，僅需設計發信電子報內容跟整理名單，將最困難的發信交給《沛盛資訊》進行。也適合使用專機系統，建立客戶專用機器，實體機器或虛擬機，不但有完整電子報網頁介面，而且還能為企業客戶設定自有網域，以專機代管方式進行電子報系統發送。

四、單次10萬封以下

‧推薦方式：雲端電子報系統。

　　每次十萬封郵件發送，最適合就是雲端電子報服務，這也是各種雲端電子報系統兵家必爭之地，是電子報系統競爭最激烈範圍。可以選擇廠商非常多，常見品牌有MailChimp、Benchmark等。

　　相較於其餘雲端電子報紛紛強調易學易用，卻多半是系統簡單功能不多，《沛盛資訊》雲端電子報系統背後是大型企業級架構，等於超跑等級技術做出國民車。並且在功能上，擁有許多企業級才有的功能，例如觸發、AI Test、AI發信引擎等，可以線上申請帳號，進入系統做發信測試，評估後透過網路直接購買點數使用。

五、單次500封以下

‧推薦方式：雲端電子報或Gmail。

　　對於電子報會員人數不多的小型企業或個人，Gmail每天的限制是每天可發500封郵件，因此若發信名單在500人以下，可使用Gmail當作電子報系統。個人品牌透過Gmail有個好處，就是用戶會覺得這是你親自寫給對方的郵件，有1對1私人信的感覺，有助於提高開啟跟點擊率。

但如果是要用企業名義發送，Gmail便不可行，需要有企業自己網域作爲寄件人，並購買《沛盛資訊》雲端電子報點數進行發送。

第二節　以應用需求做選擇

《沛盛資訊》協助過許多不同的產業，理解每個產業不同的需求，也累積足夠多的規劃與實作經驗，可以協助企業減少摸索快速上線。

一、電商平台

・推薦方式：混合雲或專機電子報系統。

電商平台是指提供購物系統平台，提供許多不同品牌電商上架產品，電商平台電子郵件依賴度極高，每日發送量也極大。在處理購物訂單端，從註冊帳號開始，帳號註冊成功、忘記密碼等；購買商品時需要時時通知產品購買狀態、比價、降價通知、缺貨、到貨、出貨進度等。等客戶收到貨，若有客訴、退貨等，也是需要一連串郵件往返。購買後成爲會員，或是沒有購買單純訂閱電子報，則仰賴郵件行銷，通知客戶最新優惠促銷。

《沛盛資訊》擁有台灣許多大型電商平台客戶，整個電商平台所有郵件，從註冊帳號歡迎信、購物通知、出貨通知、帳單、行銷電子報等等，全部都可以透過平台寄出。

二、品牌電商

> ・推薦方式：依發送量決定混合雲或公有雲電子報系統。

　　《沛盛資訊》電子報平台，擁有許多服飾業者、化粧品牌、保健品、食品、門市通路等電商品牌，透過行銷電子報精準個人化郵件。

　　知名品牌的網路電商，透過電子報便是擁有自己能掌握的流量，而不受限於社群媒體平台。電商電子報最重視開啟率，《沛盛資訊》提供多種行銷技術，如AI預覽文字，協助有效提升開啟率，更提升點擊率技術，例如即時觸發折價卷特色功能，能夠帶來業績提升。並內含GA整合，能詳細追蹤點擊，計算電子報成效。

三、證劵、保險、人壽

> ・推薦方式：混合雲電子帳單／電子報系統。

　　對電子帳單的發送需求量不如銀行、信用卡來得大，但

仍有許多監管單位規定一定要寄發給用戶的交易資料，例如股票成交紀錄、保險送金單、月對帳單等等。透過《沛盛資訊》所開發出「證券混合雲」，就是最適合方案。電子帳單在證券業內主機產生，帳單內容為加密PDF附件，透過專屬安全通道傳送到《沛盛資訊》，再對外發送到收件人。「證券混合雲」所有流程完全符合法規，退信將自動重發，若重發仍失敗即通知改紙本寄出；所有發出對帳郵件，均能自動生成備份存查，個資也不外流，建置簡單快速，且費用合理。

四、銀行業

‧推薦方式：混合雲電子帳單／電子報系統。

隨著金融數位化的潮流，銀行業和信用卡公司均力推從紙本帳單轉為電子帳單。以智慧型手機的便利使用，消費者對電子帳單的接受度也逐年高漲。因此金融業推出電子帳單，已經是產業界明顯需求，但越大型的銀行、信用卡公司，在生成與發送大量電子帳單，會面臨越困難的挑戰。

《沛盛資訊》開發出利用專利文件生成技術，分離資料與帳單樣版設計，能超高速生成電子帳單後郵件發送，但傳統方法都需寫程式生成速度極慢。除了發送帳單，更加入廣告上下稿機制，將帳單變成廣告，創造更多業績。

五、生技、醫療

·推薦方式：混合雲或雲端電子報系統。

生技與醫療產業也有相當多企業在《沛盛資訊》發送電子報，分為單純行銷性與客戶敏感資料相關電子郵件。行銷性就如同電商產品宣傳，生技產業產品種類龐大，各種保健食品均有巨大銷售額，可透過電子報與會員直接溝通宣傳產品。

但透過《沛盛資訊》發送郵件的醫療院所，則是發送與醫療相關屬於機密敏感的資料，資安層級等同於金融產業發送電子帳單。採用「混合雲」方式進行，所有醫療資訊均在醫院內系統進行加密加簽，如同電子帳單的消費細節，僅透過郵件發信系統進行對外發送，完整確保資安隱私。

第三節　大型企業選擇重點

一、發送效能

《沛盛資訊》自主開發高效率郵件發送引擎，掌握所有核心郵件技術，就如同賽車引擎或是超級電腦運算能力，能爆發強大威力，一小時發送高達五百萬封郵件，發送量越大

越適合。

　　代號爲「March」的郵件發送引擎，曾在企業實測中不僅擊敗對手而且是超過十倍以上速度，March不僅單獨運作效能強勁，更能夠多台聯合運作，將本身發送過程中遇到收信機擋信，動態將未完成發送名單拋送到另一台March發信機，更換不同IP接手繼續發送。這就是爲何每日需要發送千萬封全球客戶的跨國大品牌，選擇透過《沛盛資訊》發送。

二、技術

　　《沛盛資訊》是郵件行銷技術公司，透過軟體技術解決與提升行銷成果，公司主要成員均爲軟體開發背景，不僅處理動態網頁生成，更能深入底層使用組合語言、C、C++等，大幅提升處理效能。由於能掌握郵件發送關鍵技術，因此在與大型企業系統電子報、電子帳單建置時，更能依照獨特要求，開發出特定技術提供所需。

　　掌握關鍵郵件技術，並開發出多種服務模式，對於特殊需求客戶，可量身訂做採用專機或混合雲；對於想在公司內發送，則提供私有雲；中小型企業則可使用公有雲。公司技術團隊並持續開發新科技，因應企業客戶實際需求所開發出郵件動態生成，以及郵件開信當下才即時產生內容技術，獲得中華民國專利。

三、資安

《沛盛資訊》自主研發郵件發信引擎，發信伺服器位於台灣，客戶名單都不會外傳到其它國家引發資安問題。選擇電子報廠商請詳加詢問它們是否會將名單傳到國外發送，所有雲端發送資料均存放在經ISO 27001 資訊安全管理系統驗證設施，能夠有效保護所發送電子報資訊安全。

對資安要求最嚴格的客戶，所有郵件名單在發送後，報表與分析資料，郵件地址可採用SHA加密架構做儲存，完全無法破解回原有資料。除此之外，郵件發送採用TLS加密，郵件除要求設定DKIM使用公私鑰加簽，必要時更可導入數位簽章。

四、彈性

《沛盛資訊》是台灣業界提供最多種電子報架構的公司，企業客戶可根據發送規模與特殊需求，彈性選擇符合它使用的方案。以最多大型企業用戶使用的混合雲與專機，是獨有的服務方式，需求來自於客戶要有雲端系統便利性，但又需要自有私雲系統的內部整合與資安優點，便依照客戶需求，逐一建置專有環境，完全滿足客戶需求。

彈性也呈現在系統客製化，凡是客戶能提出需求，由於擁有100%自主開發郵件系統原始碼，從系統介面到發信主機均能依照需求量身訂製。不論是串接複雜CRM與電商

系統、修改系統畫面、增加專屬功能等等，都能提供彈性修改。

五、功能

　　市面上絕大多數電子報系統，都只提供簡單功能，用電子報模板改圖文後，選取郵件名單就發送。標榜簡單易用似乎很吸引人，但背後卻是因為缺乏技術也做不出太多功能。但藏在《沛盛資訊》電子報系統，卻是極為複雜技術，舉例來說，光是為了優化HTML減少進垃圾信箱，就有超過30種優化選項；而為了改善傳統電子報「AB測試」缺陷，所開發出「AI測試」更廣受客戶好評。

　　《沛盛資訊》電子報系統有些細微設定，許多企業可能用不到，但對某些客戶卻是必備功能，例如發送歐盟為了符合夜間不得寄送，「暫停寄送時段」選項，即可避免觸犯法律。自動加入GA、多重預覽文字、整合簡訊、寄送後通知、報表自動遞送、未開啟重送等等，這些都是實務上客戶提出需求所開發。藏在簡單發送介面底下，才是真正高科技的技術結晶。

六、整合

　　幾乎在台灣各產業電子報數量最大規模的企業，都常見採用《沛盛資訊》解決方案，因此開發多種異質系

統整合電子報技術，像是完整豐富的API，可介接企業CRM／ERP、AI數據分析系統等，自動生成名單發送電子報後傳送到《沛盛資訊》發送，並取得發送後數據報表回傳發送企業。

　　為了簡化大型企業客戶與《沛盛資訊》系統對接，不需額外寫程式，因而開發出「目錄介接」功能，僅需將要發送電子報HTML內容，以及發送對象名單，置入事先指定檔案目錄中，雙方對開防火牆通訊協定，即可透過沛盛發出電子報。由於使用極為簡便，幾乎最大型企業客戶，都採用這種方式整合。

　　因應客戶需求，《沛盛資訊》擁有大型網路系統整合經驗，如IBM、SalesForce、Appier等，並支援各種資料庫如SQL Server、Oracle、MYSQL、MariaDB、PostgreSQL、DB2等。

七、誠信

　　《沛盛資訊》秉持誠信原則，嚴格遵守個資法與資安法規，客戶均可簽署保密協定，絕無外洩或提供客戶名單給予第三方。

　　相對於許多業界提供報表系統計數據，看不到細項，《沛盛資訊》所有的發送報表絕對是真實的數據，沒有灌水也沒有造假，且發送報表詳細到每封郵件狀態，不論是否發送成功、客戶開啟或點擊，詳細時間與IP位址，來龍去脈清

清楚楚，誠信原則看數據會說話。

　　機房發送全都在台灣，自主技術研發擁有全部軟體原始碼，在台灣務實經營，一步一腳印造就出越大型的企業客戶越相信《沛盛資訊》郵件技術。

第四節　全訊息整合行銷

　　在廣受企業好評電子報技術架構之下，《沛盛資訊》逐步整合簡訊、Line、FB／IG、WeChat、Whatsapp等多種行銷工具，成為全訊息整合行銷平台。

一、網路行銷各種方式

　　隨著智慧型手機、社群媒體所帶動，資訊正邁入破碎化，消費者注意力不斷被各種訊息吸引，行銷人員也透過各種科技工具，例如大數據、AI、人工智慧等，試圖分析出當下這人最感興趣，並加以推送行銷廣告訊息。

　　對於知名大品牌企業，這些企業行銷部門主管，光以數位網路行銷管道，就包含了電子報、簡訊、臉書／IG、Line、手機App、谷歌廣告等，再加上非網路之實體行銷通路。而網路行銷由於可量化追蹤，因此重要程度超越傳統實體媒體廣告。

因此行銷部門主管在推出重大產品上市，就必須對不同網路行銷工具，衡權要將經費如何分配。一般而言，臉書／IG跟谷歌廣告著重在陌生潛在客戶，電子報跟簡訊主要是對品牌熟悉或已購買客戶，Line官方帳號則借助於Line普及度高。

　　廣告只是一種吸引客戶手段，最重要還是要將行銷訊息送達到潛在客戶面前，這就得仰靠發送行銷訊息，行銷部門主要使用工具即為：電子報、簡訊、Line、App推播、臉書與IG，這些方法都能直達目標客戶手上。

　　但這些廣告方式都各自有不同工具以及背後報表分析，同一則行銷訊息需操作不同工具發送，再去查看不同報表了解成果，《沛盛資訊》便在原本所提供的電子報、簡訊平台，加入了能發送到多種行銷訊息平台，誕生了「全訊息整合行銷平台」。

二、全訊息整合行銷平台

　　「全訊息整合行銷平台」架構在原本電子報、簡訊平台之上，由於背後發送系統為自主研發，本來就具備將訊息推送到不同通道能力，過去僅開通電子報與簡訊，因為這是開放性標準，不受限於任一廠商自有規格。但隨著Line、App推播也成常見訊息接收，以及臉書／IG也提供訊息服務，透過與這些廠商API串接，已完成能在同一平台，除了電子報、簡訊，並逐步擴充加入Line、App推播、臉書

messenger、微信、Whatsapp等。

1.電子報：全方位電子郵件行銷工具平台，提供完整發送功能，名單過濾比對、個人化郵件等功能，輕鬆完成多樣化、精準、有效的行銷活動。提供上百種行銷報表數據分析客戶喜好，協助行銷人員執行網路行銷更得心應手。

2.簡訊：針對B2C簡訊群發，可線上編輯簡訊內容，自動轉短網址追蹤，預約發送與詳盡報表。更開發出 One Time Password（OTP）等資安應用。

3.Line：可群發Line官方帳號全部或特定訂閱者。支援所有Line訊息種類，包含文字、影片、貼圖、圖片等。發送完可查看詳盡發送成功、失敗報表分析。

4.App推播：App可推送訊息（push notification）到已安裝該App手機，透過整合平台可在行銷介面，發送支援Apple與Android App推播訊息，並可預約推播時間。

5.臉書：臉書擁有強大社群媒體市場，行銷整合平台可發送臉書messenger所支援之文字、 圖片、 貼圖等多媒體訊息。

不同訊息平台所能支援訊息種類各不相同，且持續在變化中，但主要訊息種類為文字與圖片，這是跨所有平台裝置的郵件與簡訊發送強項。其次就是社群訊息平台，如Line、FB／IG等都會支援影片、貼圖，Line還有定義它自己支援的媒體種類。App推播由於主要希望能在手機待機螢

幕畫面就顯示，因此主要是文字訊息。

在報表方面，發送成功、失敗這是所有訊息平台都有，而是否能夠回報「已讀」，就根據不同平台有不同作法，電子報可以有開啟報表但簡訊則無；點擊由於是透過連結追蹤，因此不管訊息平台種類都可追蹤產生報表。

三、行銷通路交叉運用產生加倍成效

大品牌行銷部門透過不同行銷管道，都會收集對應帳號資訊，例如郵件、手機（簡訊）、App、Line、FB、IG、WeChat、Whatsapp等等，但對同一個會員需建立單一識別，以便不同行銷通路帳號可以歸為同一個客戶。例如在會員首度購買時，會收集email、手機號碼，若有下載App，也能對應出該手機號碼有下載App，之後逐步連結Line／FB／IG以及其它社群媒體ID。

將不同帳號歸戶之後，透過全訊息整合行銷平台就能做許多創新行銷方式。

1. 依帳號有無選擇發送：依照已經擁有該會員資料類型做訊息發送，例如有郵件地址但沒手機，就只發電子報不發簡訊。

2. 依費用高低選擇發送：不同行銷通路成本不同，例如Line逐步調高成本，但郵件成本較低。因此盡量以電子報做發送，再搭配控制度較高之App推播，之後再選擇Line。

3.依行銷通路發送：假若某檔期行銷想要主攻Line，就可以單純挑選Line發送。

4.未開啟轉其餘通路：能追蹤是否開啟電子報或已讀，就能對未開啟者轉發其它性質行銷訊息。

5.已讀觸發行銷：對已讀取訊息者，則即時觸發另一種行銷訊息，發送限時折扣。

6.整合報表查看行銷成效：不同行銷成果都能整合在同一報表上，查看該檔期全行銷成果。

手機興起讓人隨時隨地接受各種資訊，也讓資訊更破碎化，因此廠商試圖用各種行銷手法吸引眼球，對消費者廣告轟炸，也讓廣告對象更加無感，廠商於是更加強多管道廣告宣傳形成惡性循環。

但透過《沛盛資訊》全訊息行銷平台，大企業行銷部門能將廣告經費運用在刀口上，只在對的時間給消費者對的廣告，這能將行銷成效最大化。並接著透過整合的單一報表平台，行銷主管能有效分析線上行銷成效，快速做出決定所需調整的線上訊息推送管道。企業花更少錢達到更高廣告效果，消費者則只收到她有意願接收訊息，才更有機會實際化為購買，全訊息行銷對企業跟消費者都得利。

第五章
如何用電子報提升業績

第一節　電子報訂閱數最重要

一、電子報訂閱數

　　電子報行銷非常科學，所有的數據都可以在線上追蹤，行銷效果一覽無遺，跟電視廣告或是報章平面媒體廣告完全不同，因為它們提不出客觀的行銷結果數據。電子報的行銷效果，就是跟電子報的名單數量大小成正比，在其他條件都相同狀況下，電子報名單數越大的品牌廠商，電子報行銷效果越佳。

　　當然這必須要是有效訂閱數，也就是用戶主動的許可式行銷，而不是網路上買來的虛假郵件名單，或是利用郵件地址收集器收集到的名單。發送電子報到這種虛假地址，不僅毫無效果，還會加速發信網域跟IP被封鎖。

　　但即使電子報寄送的數量很大，開啟率卻很低，經分析名單與發送成效，發現出去的郵件，幾乎都是直接退信，收信人根本不存在，甚至發信IP全被封鎖郵件根本無法發送。既然郵件通通都發送失敗退信，自然也根本不會有開啟點擊，這些數量看似很大郵件名單，其實完全是無效。也可

以理解這些企業客戶行銷部門發送電子報的痛苦，因為這些電子報名單可能是歷代的行銷人員或是業務整理出來，但年久失修，還有很多是根本失效的網域，例如PCHome已經在2020年停止電子信箱服務，但卻還是很多廠商電子報持續發送給PCHome郵件地址。

　　正確的郵件名單收集方法，就是把各種透過廣告、社群等引導到網站訪客，透過提供他們免費試用、活動、白皮書、直播、教學影片等等，讓客戶主動留下電子報訂閱，這種才是有效訂閱名單。

二、發得準確才有效

　　電子報的名單數量越大對業績提升越有幫助，但並不是同一份名單發送次數越多越好。在其他行銷條件不變之下，每週發一次電子報，擁有1000個電子報發送名單，效果會優於只擁有500個電子報發送名單。但如果只有100個發送名單，千萬不能每週發五次電子報，發太多反而成為濫發，客戶會直接取消訂閱，名單數反而更少。

　　但由於資訊爆炸，每個人的時間破碎化，因此有可能收到電子報，雖然想要去看，卻被其他事情分心，以至於沒有機會打開。《沛盛資訊》透過技術協助客戶發得準，所開發出「未開啟重發」功能，首次發送後，僅針對預先設定時間內無開啟的客戶，重新再發送。收信人很可能臨時忙碌未讀信件，但收到重發提醒後，才真正開信閱讀。

郵件名單雖然數量越大越好，但是裡面的人各有不同的喜好，因此同一份電子報也不能老是去轟炸所有名單。即使同樣是訂閱戶，透過購買美妝進來的用戶，跟透過購買3C產品進來的用戶，這些人屬性不同，如果這一次行銷檔期是要宣傳美妝，卻一併也發給只喜歡3C產品男性，這種行銷效果很差，還會讓收信人想要取消訂閱。

因此從郵件訂閱流程開始，就要加入訂閱人的標籤，載明這個人是透過哪種管道進入訂閱名單。他是購買產品、網站訂閱，母親節促銷活動訂閱，以及其他個人屬性，例如男性、女性等等。這些標籤都是協助未來在發電子報時，能夠鎖定更精確，發送給收信人想要的訊息。

三、提供郵件訂閱獨有資訊

行銷部門在進行各種宣傳時，一定會在官方網站、以及社群媒體或即時訊息等行銷通路，通通發佈宣傳活動。但如果在電子報所發消息跟在官網臉書看到得是一模一樣，要如何讓人引起想要訂閱電子報慾望呢？因此必須設計讓電子報訂閱讀者，收到獨特郵件訊息，且要在訂閱時就表明這是公開網站看不到，讓他們有訂閱優越感。

例如官方網站促銷活動，如果是買一送一，就可在電子報裡面額外加送其它贈品，同時也跟收信人強調說，這是訂閱者才獨有優惠，可以去網站驗證非訂閱者看不到。

電子報就是擁有這種私密一對一行銷特色，對不同的客

戶可以提供給不同訊息，而他們彼此之間並不會知道。例如可以把特價優惠分成兩種不同方案，把你訂閱人數的一半做成A方案，另外一半用成B方案，執行過一陣子之後，再來分析比較各自成果的不同。即使兩種方案的價格完全不同，你也不用擔心客戶會互相知道，因為他們會以為收到的郵件就是這樣方案。當然如果你是知名品牌，擔心消費者會拿著你的電子報方案在臉書或是社群媒體分享，就可以設計成不同商品與贈品方案給不同電子報群組，就不擔心在網上曝光。

第二節　提升訂閱者互動

一、設計想要開啟與點擊郵件

　　行銷的重點在於目標客戶看到宣傳之後，可以展開行動，電視廣告如此，平面報章雜誌廣告更是如此。因此如何提高電子報收信人的互動，對電子報行銷的成敗影響重大，當然也攸關你的訂單成交規模。電子報互動第一步就是要讓成功開信，而前提是這封郵件並沒有被當作垃圾信。接下來本書會解釋郵件垃圾信判別原理，協助降低被誤判為垃圾信機率。

　　郵件主旨要吸引收信人願意開啟信件，網路上有相當多

電子郵件行銷文章，教導如何設計郵件主旨，這跟部落格、新聞、YouTube等網路媒體如何下標題有蠻大類似性，都是要引發用戶好奇心－想要了解郵件內容究竟寫了什麼。

打開郵件是行銷的第一步，但行銷目的不只是讓用戶開啟電子報，更大重點是讓他點擊連結產生行動，到網站詳細查看產品或服務，並在網站進行購買；或不一定是點擊到官網，而是點擊報名活動等採取某種行動，這稱為「行動呼籲」Call to Action（CTA）。

常用在CTA有效方法，就是限時。利用讓收信人覺得好康不常在，不行動就沒有機會了，所以驅使他看到就趕緊點擊查看。許多電商常在週末做限時活動，僅限24小時或12小時有效，就是利用這種心理因素。限量、優惠消失、產品下架這都是CTA常見方法。

因此郵件行銷的真正目的其實是點擊並展開行動，開啟郵件只是中間必經的過程，畢竟沒有開啟就沒有點擊。吸引點擊文案設計，就如同你的主旨設計一般重要。

二、讓收信人回覆郵件

郵件行銷的目的不是單純要對方到官網買產品，透過郵件行銷可以與收信人產生互動，讓他信賴發信這品牌，而這過程是逐步建立。最開始是訂閱電子報，這時候對方剛認識這品牌且稍微有點興趣，因此才訂閱，而往後能透過電子報一步一步加深信賴，這能把潛在客戶從冷淡逐步變成熟客。

與收信人產生互動，開啟郵件是最容易，就像臉書廣告請客戶按讚一樣，但最困難達成的是讓臉書用戶願意在這則貼文下面留言，因為必須花時間也必須花精力去思考留言什麼內容。同樣的道理，站在與收信人最大的互動，就是邀請收信人回覆郵件。

也許你公司剛舉辦過一場線下活動、課程，你想知道粉絲對這場活動意見，但你又不想用冷冰冰制式問卷進行調查，因此你發一封郵件邀請粉絲們回覆他們想法。如果粉絲願意回覆，這就是最強大互動，而且他們所提供的意見也絕對是最真實。

第三節　郵件轉換率

一、名單到發信成功

郵件行銷跟臉書廣告同樣是一連串的轉換率。臉書模式是先有廣告曝光、按讚，或是點擊到網站，在網站觀看產品介紹，再決定購買，完成之後才真正成為訂單。郵件行銷同樣先訂閱、收信、開啟郵件、點擊連結、到網站看產品介紹，再決定購買，這過程都是一段又一段轉換率。

從郵件名單到發信成功這轉換率，首先要收集郵件名單，而且必須是用戶允許的許可式行銷，不能購買來路不明

Email行銷其實和你想的不一樣　/　74

郵件名單。擁有名單之後，透過電子報系統發送，但不管郵件名單品質如何，發送出去之後一定會有某些比例退信，退信原因可能是這位員工已經離職，公司郵件地址已經不存在，或是郵件信箱暫時已滿等等，有各式各樣許多不同狀況。

　　想要提升郵件發信成功率，就要經常做郵件發信名單整理，如果同一份郵件地址，過去六個月發到這個郵件信箱每次都是退信，那就完全沒有道理未來繼續發信會突然成功。因此像這種長期都是退信郵件地址，就應該從名單中刪除，退信率降低自然發送成功率也升高。

二、發信成功到開信

　　發信成功後到開啟轉換率等於開啟率，就是開信總數除以發信成功總數。一般常見的開信率多數在百分之十幾，如果超過20%就已是相當不錯開啟率，但完全跟收信人與品牌關係緊密度有關，也常見名單數幾十萬，開啟率卻超過50%。因此一個郵件行銷任務的開啟率，取決在郵件名單的有效程度，以及收信人對發行品牌的信賴度與郵件主旨。

　　網路上許多電子報教學文章，都只集中在教學郵件主旨究竟怎麼改，事實上主旨只是當收信人已經信賴發信者之後，才有可能對開信造成影響。假如你今天收到一封陌生人發給你郵件，你從來不認識他，過去也沒有任何的往來，但他用聳動主旨，要你趕緊打開郵件去看信件內容，你心中一

定會覺得這是詐騙。

　　提升信賴感才能讓收信人願意開信，要讓開信成功不是要想辦法設計出引誘人點擊的主旨，而是和訂閱電子報收信人建立信賴程度。就像若你真實生活中好友，他發給你郵件主旨再怎麼無趣，你還是會打開看。郵件行銷也是如此，不要特意像內容農場文章般標題當郵件主旨去騙取開信，你需要建立就是讓收信人對你品牌產生信賴。

　　相較於電子報要努力提升開啟率，電子帳單開啟率通常超過90%，即使明知這個月沒有使用這張信用卡，但收到電子帳單仍會打開，確認真的沒有額外多扣錢。也就是因為電子帳單這驚人開啟率，即使是零元帳單也會發出，目標是要收信人開啟後點擊廣告，再從廣告中產生其它訂單，這就是透過帳單而轉成另一筆訂單。

三、開啟到點擊

　　打開信之後如果對內容非常有興趣，就會點擊查看細節。當然點擊率完全跟郵件文案內容有關，內容越吸引人且含有展開行動連結，點擊率就越高。舉個極端例子，假如連鎖餐廳發會員電子報，標題就寫郵件內送大龍蝦，郵件的文案就是請他點擊到網站去領取大龍蝦，保證讓這封電子報開啟率跟點擊率都超高。這個例子就是當收信人覺得點擊有超高價值，不去領取實在是太可惜，當然點擊率就非常高。

　　回到一般正常電商行銷，一封郵件裡不要有太多點擊連

結，因為大部分消費者都是透過手機看信，並且由於時間破碎化，只有幾秒鐘時間看這封郵件，因此把握住不要超過三個展開行動點擊連接，這樣才可以創造從開啟郵件到點擊最大轉換率。

電子報系統可以追蹤郵件開啟與點擊，但在郵件內點擊之後，接著就會離開郵件能夠追蹤範圍進入網站。郵件的點擊本身除了電子報系統能夠追蹤之外，究竟有沒有點擊之後進入網站，這是可以透過Google Analytics（GA）系統進行分析。《沛盛資訊》電子報系統已自動內含GA標籤，會自動將每個點擊網址帶入追蹤標籤，當點擊進入網站之後，就可使用網站GA進行追蹤。

四、網站到訂單

網站到訂單轉換率，這不是電子報系統能夠追蹤的範圍，但卻是行銷人員在發電子報最終目的，就是希望潛在客戶最後能購買。進入網站後到訂單的轉換率，由於每個產業和每一家公司的狀況都不同，而企業通常必須發送電子報或是臉書廣告多次，並且在調整不同的影響參數之後，才得出自己的行銷轉換率。由於受眾屬性不同，郵件行銷所帶來的網站到訂單轉換率，通常都高於其餘形式廣告，原因就是電子報屬於會員熟客行銷。

社群媒體廣告屬於中斷式，也就是原本在看朋友的社群貼文，突然被中斷去觀看廠商廣告，這種體驗就像是電視節

目廣告一樣，是中斷觀看節目開始進廣告。社群媒體廣告主要是開發新用戶，是訴諸於陌生客戶，希望客戶看到廣告後被吸引到網站上去下單購買。因為是新客戶，對廣告之企業品牌不熟悉，他雖然被廣告吸引點擊，但網站後才開始認識這品牌跟產品，並立刻決定要不要購買。這種情況下，畢竟是陌生品牌產品，因此考慮時間較長。你也可以從個人使用社群媒體經驗，大多數廣告都是陌生品牌，少見熟悉知名大品牌，由於名氣不高沒有自己掌握客戶名單，因此需要透過臉書廣告做陌生客戶開發。

　　而電子報名單全部都是既有會員，或者主動訂閱客戶，原本就認識了這品牌，也願意接受所寄來電子報，並非陌生客戶。因此，從開啟電子報，點擊連結到促銷品網頁，因為對這則行銷內容充滿興趣，再加上本來就認識這品牌，自然從電子報到訂單轉換率會遠高於社群媒體。這就是為何電子報行銷是轉換訂單最佳行銷工具。

　　雖然社群媒體是許多行銷主管花錢主要地方，但是它吸引的是陌生客戶，客戶不容易就馬上購買。相反地郵件名單都是熟悉這品牌客戶，把行銷經費花在郵件名單行銷上，可以獲得超高訂單轉換率。因此經驗豐富品牌行銷人員，就會結合社群媒體以及電子報優點，把社群媒體陌生客戶引導到網站後，透過行銷技巧讓他們訂閱電子報，而不是引導他們直接在網站下單，把這陌生流量，通過電子報方式，逐步讓他們熟悉這個品牌，進而引導他們最後轉成付費購買客戶。

第四節　善用科技行銷

一、數據分析

　　從發出電子報到網站下訂單，每個轉換率背後，代表著許多數據分析以及不斷地測試與改進。電子報數據報表主要為發送成功數、退信、開啟與點擊。多數行銷部門發出電子報後最關心郵件開啟，但這四個數據其實都有它重要性。郵件開啟主要是看開啟總數和開啟率，這就跟發送成功數有關係，因此越多正確的郵件名單，發送成功數和開啟總數也會越多，進而帶來更多點擊。郵件行銷是門科學，它可以透過數據分析，逐步改善每個環節所產生問題，而不同報表所呈現的意義也有所差異，品牌行銷人員透過經常性發送電子報，並從報表觀察各種不同數據，就能累積數據與實際公司銷售狀況關聯性，從而改善轉換率。

二、觸發與郵件自動化

　　郵件行銷是透過科技進行，因此可以運用科技做很多人工手動做不到的事情。例如，當收信人開啟信的時候，可以立刻針對這封郵件的內容，發出一封限期折扣促銷。由於收信人剛剛看到這個行銷郵件，他可能當下還沒有立刻決定採取行動，但當他收到另外一封限期折扣時，會覺得先搶先

贏，立刻點擊到官方網站購買這個促銷品，這就是「電子報觸發」，也是利用科技行銷所能帶來的作法。

把不同的觸發行為，串成一連串的郵件，就成了郵件行銷非常受人喜愛的郵件自動化。自動化的優點在於非常適合用在引導陌生開發的電子報訂閱者，從他剛認識這個品牌，透過不同的自動發出郵件內容，並根據他的使用行為，是否開啟，是否點擊，分別會發送不同郵件內容。這些都是事前編好劇本，依照收信人行為融入劇本，並且在過程當中用設計引起他們購買興趣，以及限時限量的催促結帳技巧。

隨著行銷部門越來越重視線上行銷，因此透過郵件自動化，可以整合臉書／谷歌廣告的陌生流量，進入網站之後引導加入電子報，再展開系列的郵件行銷自動化，最後讓對方自然而然地下單。

三、運用AI在主旨、預覽文字與測試

電子報是科技行銷，可透過數位化軟體與演算法，進行郵件行銷規劃。行銷畢竟是一連串不斷的實驗，不可能第一次就知道收信者的喜好，因此透過科技方法可以協助行銷人員，更快速進行不同方案測試。「AB測試」就是常見做法，將兩個不同的主旨去測試哪個開啟率較高，接下來大部分的郵件名單就用開啟率高主旨。

《沛盛資訊》開發出比「AB測試」更好做法稱為「AI測試」，這是發信系統演算法自動根據發送當時與收信方往

來的溝通狀況，偵測最容易被接受的行銷主旨並發送，利用這種方法「AI測試」能達到超於傳統的AB測試效果。並且除了AI測試之外，並提供可以自訂郵件主旨與預覽文字，可以自動組成不同做法的主旨跟預覽文字，並且測試哪一種組合的開啟率最佳，協助行銷人員達成最高行銷效果。

四、郵件內廣告

報紙這種新聞媒體逐漸變少，新聞大多數都轉為以線上媒體為主，而線上新聞如何賺錢主要就是透過廣告，最容易的方法就是加入谷歌廣告平台或其他廣告聯播平台。不過新聞媒體也會發送大量的電子報，主要是推送每天發生最新消息，發送新聞電子報對媒體業者是一筆不得不做的投資，因為這可以增強讀者黏著度，對新聞內容有興趣點擊到網站也能有廣告收入。新聞媒體透過電子報平台每天發送一到數則新聞，而且受眾都非常的廣大，動輒幾十萬上百萬訂閱戶，由於新聞電子報發送量大，所需支付成本非常高。

這種新聞電子報可以透過廣告賺取收入，在郵件內置入廣告，而且廣告還可以依照不同權重做輪播替換，依照收信人打開郵件的時間、地點，所看到的廣告都不同。這不僅讓收信人可以收到他有興趣廣告，而且電子媒體新聞，就可以像線上新聞網站一樣，透過廣告的方式，在電子報中獲得收入，將原本賠錢的新聞電子報轉為賺錢。

第五節　Google Analytics與各種點擊追蹤

一、認識 Google Analytics

　　Google Analytics（谷歌分析，GA）應該是每間公司負責行銷部門，一定會使用的網站追蹤工具。這是由谷歌所提供的網站分析工具，由於是免費工具，而且功能非常強大，再加上大部分網站訪客，幾乎都是由谷歌搜尋引擎所帶進來的，因此在網站內埋入GA追蹤代碼，就可以精準分析出這些客戶群是從哪邊過來，在網站裡瀏覽哪些頁面，之後又從哪個頁面離開，電商網站更可以統計廣告所帶來的訂單轉換率。

　　郵件行銷是整體行銷一環，企業行銷部門會透過許多種不同工具，替公司帶來潛在客戶群，包含網站、電子報、簡訊、臉書、IG、Line、以及線上廣告等，這些所帶進來的流量除了電子報為會員行銷，其餘大部分都是陌生客戶，也就是這些進到網站的觀眾，是透過谷歌搜尋、社群媒體、廣告，但這些陌生開發訪客，很難進入網站就轉換成購買行為，訂單轉換率低。

　　但電子報郵件行銷就不同，由於這些客戶不管是透過辦活動、主動加入郵件會員名單，或是過去曾經購買過產品，這些收信人在之前已經認識了你的企業品牌，因此透過郵件發送活動通知，邀請再回到網站觀看最新訊息，就有很高

機會可以達成購買。所以只要網站加入GA分析工具，同時在郵件行銷內文點擊連結也加入企業自有GA代碼，當客戶點擊郵件裡連結後回到公司網站，GA分析報表就可以顯示出多少人是透過郵件行銷方式進入網站，若加入進階GA設定，還可以追蹤這個進網站的客戶最後有沒有購買與購買金額。

在電子報中加入GA，需把以下這幾項GA代碼加入郵件點擊連結當中：

- Campaign Source（utm_source）：廣告活動來源，必要欄位
- Campaign Medium（utm_medium）：廣告活動媒介，必要欄位
- Campaign Name（utm_campaign）：廣告活動名稱，必要欄位
- Campaign Term（utm_term）：廣告活動字詞
- Campaign Content（utm_content）：廣告活動內容

可以根據這一串代碼，更動不同代號進行不同郵件行銷任務，之後可以在GA報表裡面分別出這是哪一次，或是哪一天所發出電子報。在一個電子報連結裡面，如果有不同連結，也可以更進階的區分連結不同代號，在電子報點擊報表中，就可以呈現出不同點擊連結數。

在了解GA代號之後，你可以手動生成每一次郵件行銷任務所需要GA代碼，然後將這些代碼加入電子報點擊連結

中。但如果每次發送電子報都要手動加入，就會額外增加很多工作。在公司裡面發送郵件的行銷小編，每天所要負責的工作非常多，發送電子報只是眾多事情其中之一，因此透過《沛盛資訊》電子報系統，可以自動進行GA埋入點擊連結中。

二、在郵件自動加入GA

《沛盛資訊》所開發出全自動加入GA代碼，設定完畢後所有發出去的電子報內文點擊連結，都會自動加入當天日期以及電子報發送的任務編號，且可以在GA報表中分辨這是來自某次電子報行銷活動。這些自動加入GA代碼為：

- utm_source=email_ITP：廣告活動來源預先設定為email_ITP，代表這是來自《沛盛資訊》郵件行銷系統所發送。
- utm_medium=（郵件發送日期）：電子報發出日期，可以在GA報表中分辨是哪一天行銷活動。
- utm_campaign=（電子報發送編號）：電子報系統該次發送編號，如果在同一天還有多次不同電子報發送，可用發送編號來分辨。

所產生完整點擊連結如下：

https://網域名稱/?
utm_source=email_ITP&utm_medium=
0304&utm_campaign=62666850

這個自動加入GA就代表，此一連結是由《沛盛資訊》系統發出，發送日期為3月4日，發送任務編號62666850。若回到《沛盛資訊》電子報系統，利用任務編號就可以查詢到完整電子報發送內容、名單、報表，並且在GA報表中還可以看到並識別這是透過電子報所導入流量。

三、自訂不同系統追蹤代碼

除了GA是最廣泛被使用的網頁追蹤工具，還有很多其它網頁追蹤工具，使用者有可能會使用，因此《沛盛資訊》電子報系統，也開發出讓使用者可以自訂不同系統追蹤代碼的功能，透過電子報連結點擊進行追蹤。

只要在《沛盛資訊》電子報系統的追蹤工具中填入想追蹤的代號跟數值，就可以進行系統追蹤。當然必須要在網站也埋入這追蹤系統，當電子報點擊進入公司網站時候，追蹤系統就會識別這進入流量來自電子報，並在適當報表中產生出報表。

第二部：
電子報發送過程

第六章
郵件地址名單資料庫

第一節　郵件名單訂閱

一、主動訂閱成為許可式行銷

　　最優質郵件名單就是收信人主動訂閱，他可能是到你公司網站，看過相關網頁之後，喜歡公司產品／服務或認同理念，主動要求訂閱電子報。由於這是對方主動同意接受電子報，因此稱為「許可式行銷」，特別是在歐盟GDPR，所有的郵件發送都必須是許可式行銷，發送方必須保有證據對方在哪個時間主動要求加入訂閱。

　　主動訂閱分成兩種方式，一種是填入郵件地址就完成訂閱，稱為單次確認（Single Opt-in）。另外一種是填入郵件地址之後，必須要到郵件信箱打開驗證信，點選驗證信之後再確認訂閱，這種稱為雙重驗證（Double Opt-in）。郵件名單的來源，原則上必須都是經過使用者同意，不管是透過單次或是雙重同意均可。但單次確認有可能輸入錯誤郵件地址，造成郵件無法寄達，因此較嚴謹做法都是採用雙重確認，可保證所填入郵件地址正確無誤。

　　除了這種使用者明顯同意，依照歐盟GDPR的規定，還

有另外一種是使用者過去曾經跟你有過往來，例如說曾經在網站上購買產品，或是在參展時交換過名片，這種稱爲「合法利益（legitimate Interests）」。他們對你公司的產品或服務並非完全陌生，只是沒有很明確地透過主動方式加入電子報名單，但由於雙方曾經有往來，而且你發送公司或是產業動態，他有可能感興趣，因此歐盟也允許加入成爲郵件名單。只不過在發送時，必須明確的說明，雙方過去是透過什麼樣的場合曾經有過接觸，這樣有助於對方了解你是並非亂發郵件名單。

二、隨時可取消

不管是透過對方主動要求加入電子報訂閱，或是過去曾經往來的客戶加入電子報名單，當他們不想要繼續收到，都必須要能夠隨時取消。歐盟GDPR要求獲得收信人許可才能寄電子報，但在美國的垃圾信法律CAN-SPAM Act，並沒有強制要求使用者必須事先允許，可是若收信人提出要取消訂閱，就一定要讓對方取消訂閱。

不論是公司或個人郵件裡的確經常都會有各種不請自來廣告信，如果只是一次性寄來，通常反感不會很大。但如果對方持續一直寄來廣告信，收信人取消訂閱但並沒有眞正生效或無法取消訂閱，仍然持續收到廣告信，這時候才會引起收信人憤怒。

特別要提醒收信人不想要收到郵件時，一定要立刻讓

他取消訂閱，因為收信人還有另外一個武器就是舉報廣告信，不管是常見的Gmail、Yahoo Mail，或是Office365（Outlook），都已經加入了舉報廣告信功能。只要被舉報垃圾信到一定次數，發送網域跟IP就會被列入黑名單，導致未來發出去的郵件所有人通通都收不到，反而得不償失。

三、有互動才算名單

品牌企業發送電子報目的是希望讓使用者收到之後，透過郵件的內容引起興趣，從電子報進入官方網站購買產品，或是閱讀電子報內容本身能獲得新知識。企業透過電子報持續傳送公司最新動態，在某一次訊息寄送時，使用者有可能化為行動去做購買，因此有互動才是最重要，這互動包含打開郵件和點擊。如果發送數量龐大電子報，但是都進垃圾信匣或收到的人對郵件完全不感興趣，這份名單的開啟率甚至不到1%，就並不是有用名單。

第二節　如何收集郵件名單

一、找出你已經有的名單

既然郵件名單就等於賺錢名單，企業都應該要有系統收

集，列爲企業必要行銷環節之中且長期執行。而幸運的是，電子報郵件名單不必從零開始，企業多半已經擁有某些形式客戶名單，只是欠缺整理。企業對消費者（B2C）已有名單包含過去所有購買過產品、領取試用品、參加抽獎、各種活動參加者等。企業對企業（B2B）名單包含曾經參加過研討會、購買產品、來信詢問、參展或拜訪留下名片等等，只要是曾經有往來紀錄，都是潛在可以整理的電子報名單。

　　將這些客戶資料彙整成Excel檔案，這就是電子報郵件名單基礎，名單保存進階做法可以將名單放入各種CRM系統，例如SalesForce或免費開源碼SuiteCRM等做有系統管理。《沛盛資訊》所提供電子報系統，也具備客戶資料庫功能，不僅可以儲存郵件地址，也能包含客戶姓名、公司、電話、地址等基礎聯繫資料。

二、喚醒名單

　　卽使已經整理過去所擁有郵件名單，但名單上的這些人可能由於太久沒有聯繫，對你的公司感到陌生，因此必須發起喚醒名單活動。目的就是讓他們想起過去曾經過往的紀錄，並且重新對你的企業品牌感到熟悉，以便未來可以開始對他們發送郵件行銷。

　　方法很簡單，只要發送一次電子報給這些已經很久沒有來往的郵件地址，告訴他們過去這一段時間忽略了聯繫，並對他們表達歉意，同時也更新你們公司最新狀態，並適時提

供更加優惠的折扣作為彌補，或是領取某種贈品。

　　這做法好處是，透過類似老友重新聯繫方式，讓對方記起你。但這些過去郵件名單，很可能有許多都已經失效了，因此讓真正有興趣的人，透過加入活動到新的郵件名單，這樣就能收集到有效郵件名單。而過去那些舊的郵件名稱地址，你可以發送幾次這種喚醒名單活動，但未來就不應該持續再發到這個舊的名單，因為剩下可能郵件地址失效或對你品牌不感興趣。

　　B2B名單由於收件人都是公司郵件地址，只要員工換工作郵件地址就失效，特別容易出現無效或無回應（郵件無開啟與點擊），若幾次發送都無互動就應刪除郵件。發到Gmail、Yahoo等個人信箱，則比較不會有郵件失效，但也存在對方是否還持續在使用該郵件地址。

三、網頁訂閱電子報

　　要購買產品前，大多數潛在客戶都會先到官方網站了解產品與服務資訊，而這些來到網站的訪客，你並不會知道他們是誰，但要是就讓他們離去可能從此再也不會回來，因此要設法讓他們留下郵件地址，這樣才可以把陌生訪客轉換為未來潛在客戶。網頁上面寫請「訂閱電子報」，訪客可以在上面直接輸入郵件地址或姓名，這是最常見也是最傳統留下訪客郵件地址的方法，不過通常效果也最不好。

　　當然如果你的網站內容是客戶想要知道更多的資訊，他

Email行銷其實和你想的不一樣　/　92

們還是會訂閱電子報，但因為太多不請自來電子報，或是曾經訂閱但再也不感興趣，因此絕大多數用戶都不想再收到額外電子報，訂閱意願也不高。但這是收集郵件名單最基礎的做法，如果沒有其它更好做法，還是應該設計這種最保險也最傳統，也是大部分網站訪客最習慣電子報訂閱方式。

四、有用資料交換

相較於被動的讓潛在客戶訂閱電子報，更好做法是提供有用情報，讓對方主動提供郵件帳號以獲得這份資料，有用資料稱為Lead Magnet，就是吸引潛在客戶的磁鐵。這做法就像是在實體賣場提供試用或試吃，不過在賣場試吃可以馬上轉換成現場購買，但在網站上提供資訊交換，主要是要取得對方郵件地址，未來再轉換為訂單。

Lead Magnet通常採用對客戶有用處，同時也直接關聯到網站所提供產品或服務。例如網站是銷售美白產品，就可以提供美白技巧手冊PDF，留下郵件地址就可立即下載這手冊，消費者得到一份有用資訊，同時網站也獲得對方郵件地址，可作為未來發電子報名單之用。

五、線上試用

對於網路服務或App，提供線上試用是最容易收集到潛在用戶的郵件地址。以《沛盛資訊》電子報發送系統，網站

訪客可以註冊試用，提供郵件地址以及必要企業資訊，註冊完畢後即提供完整功能，讓訪客可以了解這套電子報系統的全部介面與功能，也可以實際進行發送電子報，只不過試用帳號有發送數量限制，但對於要了解系統則是綽綽有餘。透過免費試用，《沛盛資訊》也收集到潛在用戶郵件地址，未來就可與對方聯繫購買意願，並加入電子報發送名單。

App通常也都會先讓用戶下載試用版，再於App內升級需要付費的進階功能。但許多App僅要求用戶輸入手機號碼開通服務，畢竟App主要是在手機上使用，若未來帳號遺失也都使用手機號碼取回。但畢竟只留下手機號碼，所以未來要聯繫這個用戶就只能透過發簡訊，或是在App中推播。然而用簡訊與用戶聯繫，不但成本較郵件高，而且簡訊字數有限，通常會使用短網址帶入連結，但現今電話詐騙盛行，許多用戶根本不會去點擊簡訊中連結，造成簡訊作為與用戶聯繫工具成本高效果低。

因此在App下載後註冊流程中，除了手機號碼必填之外，通常都會再加入郵件驗證，如此一來未來若遺失密碼就可透過簡訊或郵件取回，而透過註冊流程蒐集到的郵件地址，未來可以透過電子報與用戶聯繫。

六、抽獎活動

不論是電視廣告、網路廣告、實體店面，有非常多廠商在辦抽獎活動。去大賣場購物要你填抽獎單、買汽水瓶蓋要

留著抽獎、去便利商店繳費也要你參加抽獎、路過廣場有人辦活動也要你參加抽獎，送家電汽車等等，而且這些獎品還都很不錯。原因在於，抽獎就是取得潛在客戶資料最快速方法，而且所留下資料還最真實。

如果獎品是要實體運送到中獎者住家，會收集到客戶許多個資，例如姓名、地址、電話，一定要再加上郵件地址。而且這些參加抽獎者為了要收到獎品，因此會填寫真實個人資料，這些就是潛在客戶名單。假設中獎率只有5%，等於只用少少獎品，就換來大量客戶名單，當然抽獎活動就廣為被廠商使用。

若是網路電商寄送實體獎品畢竟還是比較麻煩，因此可以發揮一些創意，例如抽獎提供咖啡券或是電子禮卷可線上兌換，這樣對活動辦起來少了實體運送成本更有效率，一切都可線上進行。

七、臉書／谷歌廣告

如果希望行銷活動要在很短時間之內獲得大量關注，就在臉書／IG或是谷歌上刊登廣告，讓更多人知道正在舉辦的活動。除了很少數人會直接購買，對多數還沒決定購買者，提供Lead Magnet交換使訪客到網站上留下他們的郵件地址。

若要在更短時間之內收集大量郵件地址，那就是使用臉書／YouTube廣告搭配專用郵件訂閱頁面。這種頁面稱

爲Squeeze Page（緊湊頁），能夠在極短時間之內收集到主動願意加入電子報的用戶，適用於時間有限需要快速啟動行銷的活動者。做法是在網站上設計一個只能填入郵件地址的訂閱頁面，當然包含爲何要訂閱以及未來發送電子報的內容。但在這個頁面訪客只能填入郵件帳號訂閱或是離開，沒有其它點擊連結，接著透過臉書粉專購買貼文廣告，貼文下放入上述電子報訂閱頁面。

相較於網站流量不能由你主動控制，只能被動等訪客上門，臉書廣告是能購買的網站流量，當然也取決於要花多少錢，但如果短期間內就要看到結果，臉書廣告帶來的流量最顯著。用臉書貼文廣告引起讀者的好奇心，例如「達到減重目標卻不必挨餓」，讀者感興趣之後點擊進入網頁，上面只有填入電子郵件表格，並說明只要留下郵件地址，就會將說明手冊PDF或是影片等免費寄給對方。

這做法成功關鍵在於臉書貼文廣告文案，包含媒體（圖片、影片）和文字，以及廣告投放時目標客戶族群是否正確，這些皆可以由臉書後台提供轉換率數字，修改投放文案以及目標客戶。其次，就是郵件地址填寫頁面文案，也包含媒體（圖片、影片）和文字，可以透過GA計算進入網頁流量與填寫郵件地址訂閱轉換率。

第三節　不要寄送垃圾信

一、未經同意的垃圾信

　　垃圾信是未經過收信人同意，大量寄發廣告宣傳郵件，試圖去宣傳某種產品，是屬於廣告行為一種，只不過不請自來且經常寄送，會令人覺得非常厭煩。但郵件有另外一種是屬於詐騙或病毒郵件，這是透過偽裝寄件人的來源，假裝是知名廠商，試圖引導你去點擊連結、附件，下載病毒或木馬程式。這種是屬於惡意郵件，而非垃圾廣告信。

　　由於網路發送郵件的成本很低，還可以直接到達收信人的郵件信箱，即使只有非常小比例的人會打開或是點擊這些垃圾廣告信，就可達到發信人目的。隨著網路使用越來越廣泛，垃圾信比例非常高，嚴重干擾正常郵件系統運行，因此國際間為了對抗垃圾信，設定多種不同的通訊規範，許多國家並制定法律禁止發送垃圾信。

二、勿使用來路不明郵件名單

　　在2010年前，那時候市場上對個資與垃圾郵件規範還沒有這麼嚴格，市面上有很多在賣大補帖的郵件名單，一張光碟裡面有幾百萬個電子郵件帳號，只要買張光碟就可以任意發送上面郵件地址。由於當時個資沒有像現在被看重，也

還沒有個資法規範，以致於購買大補帖的郵件名單來發送還能有些效果，可是現在這種行為不但不可行且違反個資法。

但現在許多人還是留有這樣購買郵件名單的印象，《沛盛資訊》也經常會收到客戶來電詢問，他們想要發送電子報，詢問能不能提供郵件名單發送。《沛盛資訊》為正規郵件行銷公司，依法不能提供郵件名單，因為郵件地址跟姓名、電話、手機同樣屬於個資，受到個資法保護與規範，如果未經正常途徑取得收信人同意而洩漏個資會遭受嚴格處罰。同樣，企業也不應該透過其它途徑去取得來路不明的郵件名單。

這些不屬於你所有郵件名單，除了違反個資法之外，所發出郵件由於收信人並不認識這品牌，不僅開啟率極低效果全無，還可能被舉報垃圾信。

三、收信人可舉報垃圾信

收到垃圾信騷擾的人，最有效方法就是舉報這些垃圾信，特別如果是使用Gmail、Yahoo Mail等這些常見的網頁式郵件信箱，都有制定完善垃圾信舉報機制，只要收到認為是垃圾信，都可以立刻點選舉報垃圾信按鈕，通知Gmail、Yahoo此為垃圾信，當舉報人夠多，這個寄件網域或郵件發送IP就會被列為發送垃圾信黑名單，進入國際發送信黑名單的資料庫。由於收信主機會比對黑名單資料庫拒收郵件，未來這個發送的網域跟IP所有寄出的郵件，都不會被

收信人所收下，同時這個寄信IP的網路提供商，還可能會切斷他的網路服務。

　　舉例來說，如果提供網路服務的中華電信，透過這些網路服務發送垃圾信，接收到舉報之後，必須去詢問這個發信人，請他提出合理原因為何發垃圾信被舉報，嚴重的話就會切斷他網路服務。

　　因此做為正規品牌廠商，雖然郵件行銷是非常有力工具，但想要達到它效果，當然是需要一步一腳印自行收集郵件名單，千萬不可以購買來路不明郵件名單，因為這些寄出去的垃圾信，被舉報之後，反而會造成你的網域跟IP成為黑名單，如果是發到歐盟國家，甚至有可能違反GDPR面臨鉅額賠償。《沛盛資訊》就曾經有客戶因發送電子報到歐盟國家，收件人直接委託律師要求賠償案例。

第四節　GDPR

　　從2018／05／25開始上路，歐盟史上最嚴格的個人資料保護法規General Data Protection Regulation（GDPR），影響層面非常廣，台灣企業即使在歐洲沒有實際營運單位，但只要有跟歐盟生意往來，就會受影響。特別是台灣的外貿企業或全球營運品牌，只要透過電子報發送到歐洲，都需注意GDPR規範。

一、最重要是取得同意

GDPR推行，對想要賣產品給歐盟的客戶，其實是利多。因爲相對於郵件信箱，塞滿了各式各樣不要的產品資訊，但從GDPR開始實施，只有收信人想要的產品，才能夠發送給他，因此客戶想要的東西變清楚了，廠商行銷也不是散彈打鳥，反而更聚焦。

要符合GDPR電子報行銷，最基礎也最重要，就是取得收信人同意（consent）。取得同意做法，以B2B而言，可在網站上放電子書、白皮書，留郵件就可以下載，在留郵件的時候要取得對方同意未來繼續發送行銷郵件。另外，參加展覽收集客戶名片，也是一種取得同意的方式。B2C企業同樣需明確取得消費者留下郵件地址，同意收到電子報才能發送。

二、Who, When, How

GDPR要求所有個資都要有明確證據對方願意提供，以及收集方的目的以及如何利用這些個資。當面對歐盟企業在網上收集到客戶個資，例如旅館讓客戶留訂房資料，同時你想要透過客戶郵件地址，後續發行銷電子報給他，這時就會受到GDPR規範，該旅館需要明確讓客戶在同意收取電子報選項中打勾，且不能預設勾選。

這整個流程牽涉到了誰（who）同意，什麼時候

（when）同意，如何同意（how），以及他同意了哪些內容，且要求同意當下，還要提供個人資料（例如郵件地址）會被使用範圍。

三、Controller 與 Processor

以上述旅館詢問房客是否同意收到電子報爲例，旅館爲資料控制者（controller），負責收集個人資料爲了後續與對方聯繫，但實際發出的電子報很可能由專業廠商，例如交給《沛盛資訊》處理—即爲資料處理者（processor）。旅館在詢問客戶當下，同時要揭露此收集的個資，同時會交由某一個資料處理者進行處理。

四、一定要能取消訂閱

當歐盟電子報的訂閱戶想要取消訂閱時，GDPR規範了必須要提供簡單易行的方式進行。例如有些電子報取消訂閱，要求先登入會員系統，然後在會員設定裡面去修改，這都是違背了GDPR規範。

若客戶已經取消訂閱，就一定不能夠再發電子報給他，聽起來像是常識，但Honda在2016年，它發郵件給這些已經取消的訂閱會員，詢問說「您還想再聽到我們嗎？」，類似再提醒它們是否願意重新接受他們的電子報。由於取消訂閱就是已經不得再發，因此遭罰款1.3萬歐元。

權利跟義務是相對且相等。歐盟客戶同意接受，讓你可以發送電子報，但你所發送的內容也必須提供他取消訂閱功能。你擁有了發送對方電子報的權利，同時也要遵守讓對方可以收回同意權的義務，這就是取消訂閱。

許多廠商電子報為了避免客戶取消訂閱，都把取消訂閱連結，用超小字藏在幾乎找不到角落。甚至好不容易連進去，還要登入會員等等。在GDPR規範中，這些都是違規。取消訂閱必須要在明顯的地方，且僅能用收到之郵件地址輸入就能夠取消訂閱，不得要求登入。

第五節　分衆名單精準行銷

客戶名單就是企業最重要資產，而辛苦收集郵件地址，包含了潛在客戶跟既有客戶，這些名單要運用得宜，才能發揮最大價值。就以簡單客戶區分有買跟沒買，發給這兩種類型客戶，行銷的內容跟說話口吻都要不同。最忌諱就是將辛苦得來郵件地址名單，卻在每次有行銷活動時，不管對象男女老少，有無購買過，全部都發同樣內容，這將是無效行銷。電子報必須運用分衆名單，才能有效得到收信人關注。

一、電子報群組

　　為了精準行銷，在電子報訂閱源頭就進行分衆，例如網路媒體會提供不同電子報讓讀者訂閱。以新聞性電子報而言，會提供根據興趣種類，綜合新聞、財經、職場、健康等等類別，每個類別還有不同子類別可訂閱。商業新聞網站也提供不同類型電子報供訂閱，如活動、管理趨勢等等，這些都是在源頭就區分興趣種類，未來在這類型電子報所發送內容，就是收信人原本就有興趣題材。

　　即使以產品類型電商，例如女裝也可以設計幾種不同電子報，促銷折扣、時尚潮流、穿搭推薦……不同電子報，訂閱者可以同時訂閱多種不同電子報，撰寫文案時可以針對這主題進行。

二、電子報標籤

　　即使已經透過電子報群組進行不同性質訂閱，但在同一個電子報訂閱中依舊要針對訂閱者屬性進行分類，分類方法就是使用標籤（tag）。

（一）訂閱來源標籤

　　首先便是訂閱來源，是從官網首頁、中秋節促銷、臉書活動、實體活動、參展等等，透過訂閱來源的標籤可以知道這個訂閱者來歷，也可知道是因為什麼樣活動性質而加入，未來再度舉辦相似性質時便可邀請參加。例如每年都在世貿

參加展覽，在現場請訪客留下名片，這些名片便可將郵件地址輸入成訂閱電子報，並標明來自某年參展。而在來年再度參展時，就可發出電子報給過去在展場獲得電子報名單，在郵件內容更可描述對方曾在某一年來過展位，邀請今年再度參加。這種明確註明名單來源，有助於提醒收信人為何會收到這封郵件，而不會覺得是陌生的垃圾信件。

（二）訂閱者類型標籤

訂閱者類型指該名客戶是男性、女性、年齡範圍、職業、居住地，以及興趣，還有年收入等等，這是最傳統的目標客戶行銷屬性區分，在臉書或谷歌廣告刊登準備上，也都可以看到這種類型標籤。電子報需要類型標籤是顯而易見，一間大型百貨公司行銷活動，促銷商品有可能是女性感興趣的美妝品，也會有男性感興趣的3C產品，但如果把所有促銷放在同一份電子報發給所有人，或是把美妝品促銷發給男性，這些都是收信人不想看的內容，不僅沒達成行銷成果，還浪費了廣告預算，也提高了取消訂閱可能性。

（三）互動標籤

互動標籤是指電子報開啟、點擊等互動。已經訂閱得電子報郵件地址，仍然有可能因為工作異動，原本使用公司郵件地址已經不在使用，因此不會有任何開啟紀錄。可以使用互動標籤來標注這些過去多年完全沒有開啟名單，或是標註過去一年內曾開啟、點擊名單。這樣互動標籤就可以在行銷電子報時，選取互動程度高，代表成交機率大。或是推出史上最優惠，專門發給互動程度低收件人，讓他們重新與品牌連結。

第七章
電子報設計

第一節　電子報內容基本觀念

一、兼具知識性與折扣宣傳

　　不要每次發送電子報，都是各種折扣行銷宣傳，這種錯誤卻很常見，因為行銷人員覺得發電子報就是要讓收信人購買產品創造業績。但事實上並非如此，就如同你拿起雜誌，不管是商業性或是休閒性，不可能整本雜誌裡全部都是廣告。所以雜誌裡必須帶來知識性，再適當加入廣告。同樣電子報收信人並不會反對你提折扣促銷在裡面，因為人們也都喜歡買東西，如果目標族群喜歡這些促銷，這些廣告就是有用資訊，但不能每次電子報內容全都是廣告跟促銷。

　　因此電子報中可穿插知識性文案與廣告內容，例如說冬天快到了如何多令進補，夏天應該吃什麼水果比較健康等，再列出相關產品，讓收信人覺得郵件內容帶來許多有用知識，並有折扣產品購買動機。

　　最糟糕發送電子報的方法，就是不但經常地發送電子報，而且每封電子報全都是促銷折扣，然後還發送給所有名單。這種性質的電子報，就是最容易被取消訂閱，也是收信

人最不想打開的，導致開啟率最低、點擊率最低。

二、樣式容易閱讀

行動裝置的盛行，讓B2C電子報幾乎主要是在手機上開啟，在電子報設計上要能夠在手機上輕鬆閱讀，包含看清楚圖片以及文字，配色上也要清爽容易閱讀。在網站設計上稱為網頁易用性（usability），讓目標族群能夠容易閱讀網頁，字體大小設計上，給年輕人看跟年紀稍長就需不同。

但許多行銷活動，是請美工設計該次檔期所有素材，包含實體海報、網頁，然後行銷人員使用這些素材直接發電子報。可想而知一張貼在百貨公司牆上的海報，圖片文字都很清楚，但改成發送電子報就變成一整張圖，裡面的細節圖片跟文字都不清楚，收信人收到這封郵件，根本無法在手機上閱讀。

這些設計必須導入電子報適用RWD（Responsive Web Design，響應式設計），也要注意郵件與網頁RWD在設計上有差別。

三、最正確電子報格式

《沛盛資訊》長年下來協助品牌客戶發送數量龐大各式各樣電子報，統計分析發現最好的電子報格式，通常就是一張吸引眼球圖片，搭配一個標題再加上文字內容，以及點擊

了解更多詳細內容。這樣子風格電子報，對於想訴說主題都能清晰表現，而且點擊按鈕也非常明顯，使收信人可以很清楚了解有興趣主題，並且點擊到網站上了解更多。

▲最佳電子報郵件格式範例。

這種樣式電子報已廣泛在許多知名大品牌行銷郵件出現，不論是B2B或B2C都是用這格式，設計上容易符合RWD，主要為設計給手機觀看，在桌機跟平板上，則是在左右出現邊框，內容仍然維持相同風格。若有多則宣傳訊息，則重複整組「圖片、文字、按鈕」，成另一則宣傳組合。

這樣式為最正確電子報格式，原因就在於一開始採用滿版圖片，因為視覺最吸引眼球，收信人對圖片有興趣就會繼

續看標題跟文字，內文不宜過長，三到四行即可，之後就是採取行動按鈕，點擊到官網或了解更多細節。不僅符合圖文並茂減少被判定爲垃圾信，且圖片清晰、內容簡短，適合手機快速瀏覽，看完這則往下看下一則，類似IG／FB閱讀習慣。

四、取消訂閱的必要性

電子報設計一定要有讓不想繼續訂閱者，能夠取消訂閱方法。通常都是「取消訂閱」連結放在整封電子報最下端，字體要明顯清楚不能過小，也不能困難閱讀。許多廠商發電子報由於不想讓收信人取消訂閱，因此雖然有取消訂閱連結，但字體特別小且顏色不清楚，這造成反效果，因爲收信人能直接檢舉這封爲垃圾信。

電子報網域以及發信IP被列爲黑名單，其中很大的來源就是收信人去檢舉。Gmail／Yahoo Mail都有設置檢舉郵件爲垃圾信，收信人若不想再度收到同一寄件人郵件，然後信件上面沒有可以取消訂閱的方式，或取消訂閱非常繁複需要登入帳號密碼等，而客戶已經忘記當初帳號密碼，或根本從來沒有註冊過這個網站，就會直接按下舉報垃圾信。依照歐盟GDPR規定，要讓有意取消訂閱人，點選按鍵之後就直接能確定取消，不應再要求登入。從實務面理解這也的確有道理，當收信人已經不高興想取消訂閱，又設下障礙，乾脆直接去舉報垃圾信，這反而對發信品牌殺傷更大。

當有太多人舉報這個寄件人的網域為垃圾信，該網域與寄信IP就會被列入黑名單，所有來自這個發送的網域郵件，包含公司寄給客戶往來的信件都不會被收到。因此一定要在電子報上有取消訂閱，且讓收信人很容易就能取消。不想要收這封電子報的人就要讓他能離開，畢竟發信也是要成本，要把行銷錢花在對品牌有興趣的人。

五、自動回覆訊息

許多公司員工在休假或工作交接時都會設定自動回覆信箱，收到郵件就自動回覆。許多品牌發送電子報所用寄件人並非真實可收信，但可以設定回覆信箱到特定能收信之信箱，檢查這回覆信箱，可能有一些自動回覆訊息，例如這收件人已經離職，並請寄信人發到其他員工郵件地址，就要更新郵件名單資料庫。

第二節　選定發送電子報網域

一、避免影響公司正常往來郵件

發送電子報首先要決定使用的寄件人，特別是寄件人網域，建議分開公司原本域名跟電子報發送域名。因為電子

報發送量大，有可能發信網域信用等級會受到影響，因此建議將電子報寄件網域與原本公司網域分開，避免影響到員工郵件信箱。這種寄件網域被列入黑名單，導致整間公司正常郵件往來都無法進行，《沛盛資訊》每年都會遇到客戶發生一、兩件，大小企業都有，雖然機率不高但確會發生。

然而一但遇到寄件網域被列為黑名單，就會帶來極大困擾，所有內部對外發出郵件，例如業務往來郵件，對方都收不到。必須要到國際寄信黑名單組織去申請撤銷，需要幾天時間才能解除。

二、電子報專用域名

· 做法：原本公司網域sample.com，電子報發信人網域為sample-edm.com。

企業發電子報常見作法，就是另外申請網域專門用來發電子報。

保留原有網域名稱再加上，如edm等文字（「edm」字樣可替換不同文字），收信讀者足以辨認出這封電子報是由原本sample.com這公司發出。而電子報所使用網域，又不會影響到原本公司網域信用等級，此種作法最為推薦。特別是外商公司在台灣分公司，由於要在原本全球統一網域上新增DNS設定極為困難，最實際解決方法就是另設專用電子報網域。

三、子網域

· 做法：原本公司網域sample.com，電子報發信人網域為edm.sample.com。

　　有些類型企業，希望保有公司對外統一形象，或者其它原因要求一定要使用公司原本網域名稱，這時候建議採用發送電子報專用子網域名稱。由於設定電子報發送需要在DNS進行許多設定，這種作法對原本公司網域sample.com之DNS不需做任何變動，只需要在子網域edm.sample.com進行相對應SPF、DKIM、DMARC等DNS設定。

　　《沛盛資訊》某客戶為跨國知名金融集團，透過電子報系統對其全球客戶發送金融研究報告，屬於大量發送郵件但非行銷型電子報，因此要保留原有公司網域名稱，便採用這種子網域做法發送電子報。

第三節　寄件人與主旨

一、寄件人

　　決定是否開信四大條件：寄件人，收信主旨，預覽文字以及發送時間，其中寄件人佔有關鍵重要性。

（一）寄件人名稱

　　寄件人名稱一定要維持固定，一旦決定好寄件人名稱，就不能再修改。寄件人通常是公司、品牌名稱，或個人品牌用自己姓名，要讓收件人一眼就知道這封信來自哪裡。通常寄件人對郵件開啟佔有關鍵性的重要地位，如果是一封對他重要的寄件人，例如大客戶訂單郵件，收信人一定會打開這份郵件，如果寄件人是他完全不認識，收信人可能就會遲疑這是不是詐騙郵件。郵件行銷必須是許可式行銷，也就是客戶必須要主動同意收到電子報、過去曾購買過產品、曾用過試用品或下載某些資訊，也就是對方已經跟你有過往來，而不是完全陌生客戶。

　　寄件人一旦決定之後就不能再更換，因為當收信人開始熟悉這寄件人，如果再換成其他寄件人名稱，對收信人來說這是不同品牌寄信人，即使最後他明白這是同一寄信來源，也會覺得很奇怪為何經常去換名字。就像你用手機打電話給朋友，熟悉朋友多半會顯示你的電話跟名字，但如果你過幾天換另外一個手機打給對方，顯示陌生來電，對方就可能不會接電話。

　　因此即使是同一寄件人郵件地址，但寄件人名稱都不能改變，不能今天叫A公司，明天又改稱呼為B公司。就算客戶認識這個品牌，同樣會覺得非常奇怪，不但降低了開信率，甚至有可能舉報這是垃圾信。《沛盛資訊》也曾經遇到品牌客戶，由於行銷人員不懂這些電子報規則，以為使用多種不同寄件人名稱，就可以一次發很多不同電子報給收信

人，結果不但許多人被取消訂閱，還有人直接檢舉發垃圾信，導致發送到Gmail／Yahoo信箱完全都發不進。

（二）寄件人郵件地址

不只寄件人名稱與網域必須要固定，寄件人郵件地址也要固定，也就是在郵件地址 @ 前面名稱要固定。因為不同寄件人的郵件地址，代表完全不同郵件From，就像一家公司裡面有上百個不同員工，不能每次都用不同員工的郵件地址當寄件人，這會提高成為垃圾信機率，所以必須固定用某一個寄件人From和寄件網域以及寄件人名稱，作為寄件人郵件。

一旦決定好了寄件郵件地址，就不能再做變動。因為當發信人決定好電子報寄件郵件地址去發送電子報時，會逐漸累積信用度，想像類似公司信用或是你個人信用程度，當這個郵件網域信用越好，就越不會被列為垃圾信。也就是為何知名公司的網域信用程度較高，所寄出的郵件被列為垃圾信的機率會相對較低。同樣，註冊越久網域所累積的信用度，也比剛註冊網域名稱的信用度來得高，因此絕對不要因為網域被列入黑名單，就想要重新註冊網域使用，而是要根本解決為何會被列入黑名單（是否發送收信人不想收郵件，又無取消訂閱機制）。

寄件人其實比郵件主旨更重要，因為只要是陌生寄件人，收信人開信機率就很低，所以在認識寄件人前提之下，去做主旨修改才有意義。

二、郵件主旨技巧

電子報能成功進入收信人信箱，不管是在主要收信匣亦或是促銷信匣，只要不在垃圾信匣，又是認識的品牌名稱所寄出，接著就是由主旨決定是否開啟這封郵件。

主旨該如何寫是銷售文案中的一環，好的銷售文案絕對不容易，想學習如何做好電子報行銷，花時間真正學好銷售文案有很大幫助，因為不僅主旨是文案，郵件內容也同樣是銷售文案。但要短時間學好主旨文案技巧，可以透過學習知名媒體，看他們如何替文章下標題，因為這些媒體編輯，都是身經百戰且文筆流暢更懂得如何吸引眼球，非常擅長引起網路閱讀者的好奇心，進而提高網頁流量。例如主流商業性雜誌，主編們非常有豐富經驗，而文章內容多半確實有料，而這些媒體主編也都會訂出讓你非常想要點擊閱讀的標題，可以學習這些編輯們訂標題的方法，列出30個流量高的標題把它們寫下來，去修改成不同主旨並搭配想要寄出的郵件內文，透過學習別人成功的做法，進而成為自己郵件行銷文案技巧。

以下提供幾項主旨技巧，可利用來提升開啟率。

（一）限時、限量

限時限量是永不敗的行銷技巧，也是透過淺意識讓人想要趕緊購買，各大品牌長期使用且持續有效。名牌精品包包通常是越限量越多人想買，電商除了提供折扣，也經常推出限時24小時等促銷。限時限量主要讓客戶有超過時間後，

某種好處就沒有的感覺，讓產品買不到，不再有贈品或沒有折扣優惠，這就是最簡單也最有效主旨技巧。

（二）引發好奇心

適度利用好奇心去設計主旨，例如「賣到缺貨身體乳液」、「連日本人都在問國產大浴巾」、「這輩子不看就落伍的十本書」等主旨，看到這主旨根本馬上想打開，想知道到底是什麼東西這麼厲害，一方面不想成為落伍人，二來眾所皆知的東西唯獨我不知那該有多糗。

主旨要引起收信人好奇，或是讓他覺得這是意想不到的內容，激起他想要打開郵件看內文究竟在寫什麼。許多報章媒體或是內容農場（content farm），會大量運用好奇心標題，激起你想打開郵件或打開文章的慾望。但如果濫用，並且你的文章內容其實跟主旨沒有關係，只是想引誘對方打開信件，久而久之你這個寄信人在收信人的心中就失去了信用度，再也不會打開郵件，甚至會舉報垃圾信。

（三）利用數字魔力，列出價格、折扣

相較於一堆文字，人們對數字更敏感，利用價格、折扣、購物金數字吸引眼光。「女神節到，今日破盤知名品牌女神必備保養品！！只要 \$xxx元」。以電商產品直接在主旨列出價格，能吸引原本就對這類型產品有興趣，也大約知道價位的人，他們看到促銷價格真正划算，就會打開郵件看細節。

（四）簡單、輕鬆

生活壓力已經夠大了，在主旨裡要讓收信人覺得內容

輕鬆簡單。同樣的，郵件內容以及購買方式也要簡單，因為消費者討厭繁複，如果一件事情能夠簡單輕鬆做到好，他們不會為了購買一項商品去繞遠路。相對如果你購買流程太過複雜，他們可能操作到一半就放棄購買了。切記在電子報放置商品圖片時，如一雙鞋子，請將連結導入該雙鞋子購買頁面，如果連結到首頁，消費者可能會因為找不到他想要購買的鞋子就關掉網頁了。

（五）搭時事便車、加入名人

主旨帶有現在最夯的關鍵字，不管是政治、體育、健康醫療、娛樂八卦等等，每隔一段時間新聞媒體總是有現在最火熱議題，把主旨帶入時事，讓收信人會心一笑更願意點擊打開郵件，但時事性主旨缺點就是有熱潮流行，當這議題一但不火熱，就要趕緊再更換新時事話題。

在這些議題中加入名人名字，讓收信人一眼就能識別，也提升這封信跟他的親近度，這在新聞標題上常使用，也很適合用在主旨。

（六）長短適中

雖然主旨欄位可以寫下超過100個字以上，但透過手機讀信，可能只有最前面20～30字會顯示，其餘主旨要開啟之後才能看到。因此主旨篇幅若太長，不但無法於收件匣中完全預覽郵件主旨方框，且電子報重點容易被忽略，而收信人也不會有耐心看完。

（七）分眾行銷

做好分眾行銷了解客戶想要什麼、喜歡什麼，女性跟男

性電子報訂閱戶喜歡內容不同，像30多歲媽媽跟50多歲女性喜歡的主題也不同。如果主旨是「媽媽們用這個，新生寶貝就不哭鬧一夜睡到天亮」，寄給家中有新生兒的媽媽，開啟率一定極高，但發給男性可能開啟率就極低。

（八）**對他們說話**

在主旨加入收件人名字「佩姍，你最近精神好嗎？可以用這來提振精神！」，讓對方覺得這是寫給自己的信，主旨以及預覽文字都能夠利用名字媒合來提升開啟率。

此外，善用「你」這個詞，讓消費者覺得在和他們說話，加深親切感。「知道你喜歡下午茶，特別推薦十大下午茶點心給你」、「今天你吃過早餐了嗎？本週早餐優惠偷偷告訴你」。

（九）**免運**

在這不景氣世代，寄送一項商品運費可能就要50～100元不等，為了節省這筆運費，消費者就會更有意願去打開信件找尋並購買自身需要產品，團購常運用這技巧，讓消費者為了要湊免運，而購買更多數量產品。在主旨加上免運字樣，也是化解消費者心中要多花錢疑慮，願意開啟郵件。

（十）**Emoji**

利用表情符號Emoji（♡👋☺😊……），已經是大家發Line、IG、FB貼文必用方式，適度帶入表情符號也讓主旨更活潑，更讓人想打開郵件。但表情符號在iPhone跟Android顯示會有不同，甚至顏色都有差異，要在發送前在不同手機先做好測試。

不論是使用哪種主旨，請特別注意此主旨是否和電子報內文有相關，如果主旨與內文毫不相關，那麼消費者會有受騙的感覺，可能下次就不會打開你寄來電子報了。

善加利用主旨技巧可以提升開啟率，但也要適當使用不要過度，因爲在主旨寫太多令人明顯察覺是廣告信，反而會被垃圾信過濾器阻擋，若直接判定爲垃圾信不在收信匣出現，收信人連看到機會都沒有。

三、預覽文字

手機讀信程式，通常都會在主旨旁邊列出預覽文字，讓收信人先大約知道這封郵件究竟在講什麼。多數人發電子報一定會填寫主旨，但不一定會加入預覽文字，因此電子報系統一般做法是如果沒有額外填寫預覽文字，會自動用這封郵件第一行文字作爲預覽文字，有些時候就會是跟內容毫無關係（例如發行年月日），就可能讓收信人感到很奇怪。

預覽文字可以跟主旨稍有不同，預覽文字是除了主旨之外，收信人可快速了解郵件內容，以決定要不要打開這一封郵件內容的次關鍵，所以不要浪費這個空間，在每次發送電子報之前，除了想好主旨如何讓收信人想要打開之外，也利用預覽文字這額外內容去強化細節，使收信人願意打開這封郵件查看。

如果是用桌上型電腦郵件程式，例如Outlook就很可能不會出現預覽文字，只會呈現主旨。但由於大多數消費者

都是使用手機開信，因此B2C電子報建議一定要使用預覽文字，B2B電子報雖然多半透過Outlook開啟，但有許多人也會用手機設定收取公司郵件，也建議都加上預覽文字。

在提升開啟率《沛盛資訊》不僅提供「AI測試」，更開發出多重主旨與多重預覽文字動態產生功能，一次可以設置多種不同的主旨與預覽文字，例如5個主旨與3種預覽文字，系統發送時會自動搭配成5 x 3 =15種主旨與預覽文字組合，可以透過報表查看哪種組合開啟率最高，後續便以此組合發送電子報。

四、個人化主旨與預覽文字

可以透過主旨就稱呼對方姓名的方式，讓收信人覺得這封信跟他有關，且感覺這不是封大量郵件隨意寄出，而是一封專門寄給他的郵件，就像朋友寄給他一般，這種作法可提高開信率。例如：「親愛王小明，生日快樂。」光是這樣，可能小明也不會打開郵件，因為同樣祝他生日快樂的郵件太多了，你只會埋沒在眾多郵件中，但是如果改成：「親愛王小明，生日快樂，我們特別為您準備了生日好禮喲～」，小明可能會想知道是什麼禮物而搶先去打開它。

這做法在電子報產業術語稱為「媒合（merge）」，將數十萬封郵件媒合各自姓名後寄出，可將姓名媒合到主旨、預覽文字、郵件本文、附件檔名、附件內容等眾多不同位置。

以單一文字，如姓名直接媒合稱爲「靜態媒合」，《沛盛資訊》也開發出進階「動態媒合」技術，可以針對媒合內容進行加減乘除等邏輯運算，不僅適用在電子報，更可利用在內文較複雜之電子帳單、購物通知等。

第四節　電子報顯示支援度

由於郵件必須要在各種郵件程式裡都能打開，不僅最新手機上郵件App正常開啟，舊款手機App也要能開啟，跨平台上Windows、Mac、Linux、Unix都要能開啟。即使同樣是Windows也有Win 8、Win 10等不同版本，再加上同一版Windows還有各種不同郵件程式可供使用。此外，現在大多數郵件本身是使用HTML，如同網頁背後所使用的語法，但因資安考量，郵件程式在解析HTML內容能力遠比瀏覽器限制更多，許多在瀏覽器上可用HTML語法，在郵件上無法使用或需要改寫。

一、Javascript

幾乎每個網頁都會帶些Javascript程式碼，廣泛被網頁設計使用，但Javascript在郵件使用上有很大的限制，這是因爲資訊安全考量，禁止在郵件系統內執行程式。雖然許多

最新的郵件程式，也能支援部分Javascript解讀，但並非所有瀏覽器上能使用的Javascript都能在郵件使用，因此建議在普通電子報設計上，盡量都不要使用任何Javascript，以避免相容性問題。

二、CSS

大部分現代郵件程式特別是以瀏覽器收取郵件，例如Gmail、Yahoo Mail，都能支援CSS的設計。但由於CSS有非常多設計語法，並不是每種語法都能在郵件上支援，而且同一個CSS作法，很可能在Gmail上面能使用，但在Yahoo Maill或其它郵件程式卻不能。因此為了避免這些相容性，最好的辦法還是盡量不要使用CSS，若需使用則在常見的讀信程式上面，例如Gmail、Yahoo Mail、Hotmail、Outlook等事先做好測試。

三、圖片

（一）圖片大小

郵件內容不能只有一張大圖片，因為這不符合一般人寫信習慣，所以容易被列為垃圾信。郵件內文圖片，也要注意長寬不能過大，圖片上的字體要足夠大，因為現在郵件大部分都是透過手機開啟，手機螢幕比電腦小很多，若字體不夠大的話，收信人用手機會看不清楚。圖片大小也會在不同裝

置上造成影響，例如Outlook不同版本會有限制超過一定程度大小的圖片寬度會無法顯示出來。在Gmail圖片若長寬過大，會被裁掉部分內容，無法完整呈現。因此一個理想的電子報內文圖片，就如同RWD郵件設計，特別因應手機閱讀習慣，通常寬度不超過800像素，長度也不超過600像素，或是可以做成一個長方形圖，就像在Instagram上圖片，這樣也適合在手機上瀏覽。

（二）影像地圖（Image Map）

在一張圖片上面，根據使用者滑鼠點選到不同位置，可連接到不同網站，這是傳統桌上型電腦網頁常見的設計方式。舉例，在一個促銷圖片上面，放入多種促銷產品，當用戶選取所對應的促銷內容，即可連接到這個促銷產品頁面。

但這做法在手機上卻不合適，由於手機畫面相當小，使用者都是用手指去點選內容，在圖片已經不是很大的情況之下，如果還區分不同位置有不同點選，這一些圖片或是文字便會過小，造成點選並不精準，再加上不同手機它有不同的解析度，即使已經設計好在某個位置區間連接到特定頁面，在網頁設計跟測試都很順利完成，但在不同手機上就會造成點選位置跟預期的並不一樣。因此B2C郵件不建議電子報使用影像地圖，因為大部分收信人都是用手機開啟，而這種做法是傳統上以桌機開啟郵件為主。

（三）影片顯示

網頁上經常會加入YouTube影片，讓網友可以觀看，但此網頁設計做法通常在郵件上卻不行，原因是郵件不能

使用內嵌影片語法，但在瀏覽器上卻能使用。郵件的解決方法是採用影片縮圖，郵件打開後，看起來就像是埋入YouTube影片，但實際上是張圖片，點選就可跳轉到瀏覽器上播放YouTube影片。

（四）動態GIF圖片

在許多社群媒體上經常會看到各種充滿創意動態圖片，這多半是使用GIF動態功能所做出來的，但動態GIF圖片在郵件顯示上，不同的郵件程式會有不同的支援程度。即使Gmail上面可能測試有動態圖片，但很可能在個人電腦Outlook就沒有動態效果，至於哪些郵件程式會支援哪些不支援，也並沒有確定標準，因此為了確保相容度並不建議在郵件設計上使用動態圖片。

第五節　如何避免內文跑版

電子報內容跑版大概是郵件行銷小編們最頭痛的問題，因為一但跑版，原本設計妥善的頁面點擊等互動就會大幅降低。電子報會跑版通常跟郵件內容設計有關，而且多半是不符合RWD郵件。如果採用已經是RWD郵件樣板所做出來的電子報，可以因應手機或是電腦會自動調整大小，通常不會有跑版問題。

一、RWD設計

　　RWD（Responsive Web Design，響應式設計），這是近幾年網頁與電子報設計主流，RWD指通用性HTML內容設計，適合在手機、電腦、以及平板電腦都能正確顯示。主要是以網頁設計，但也需運用在電子報上，因為同樣為HTML為基礎設計。

　　在手機跟平板電腦出現之前，大部分人看網站或郵件都是在電腦上，因此網頁設計主要以電腦上觀看為主。電腦是寬屏幕，可以顯示空間較大，能夠看到圖片細節也比較豐富，頁面內文字數量較多。但是自從智慧型手機廣為流行之後，現在大部分個人用戶，都是透過手機查看郵件，手機是直立長方形設計，螢幕可見範圍比電腦小很多，能夠看到的字數也不多，字體也需較大才能看清。若將圖片和文字縮小到手機上觀看，圖片細節跟文字恐怕無法觀看。因此電子報RWD設計，便是讓網頁與電子報在手機上能夠順利觀看，同時兼顧桌機以及平板電腦也有適當顯示。

二、RWD郵件與網頁不同

　　就算符合RWD設計內容，雖然在電腦頁面顯示上沒什麼問題，但這種設計如果不注意瀏覽器與郵件顯示方式的差別就直接發出電子報，很可能會發生問題。例如在瀏覽器上可使用表單填資料，也可直接開啟YouTube影片，但是在

郵件上並不能使用表單或是內嵌影片。

　　許多企業所發的電子報，都是沿用過去的樣板內容，頂多只是修改文字跟圖片，然而這些過去的電子報樣板幾乎並不符合RWD郵件設計，也並未考慮在手機上閱讀郵件時的狀況，以致於修改內容一不小心就很可能發生跑版問題，可能在Gmail看起來正常，但在Outlook或其它郵件系統卻跑版。

　　建議在發電子報時，若過去沿用樣版非RWD郵件設計，應重新設計為RWD郵件樣版，才符合現代人用手機開啟郵件習慣，也能夠確保頁面順利呈現不會跑版。RWD郵件設計相當複雜，但對於許多企業而言，即使有專業美工編輯做設計，但他們多半熟悉網頁RWD而非郵件格式，因此設計好電子報正式發送前，一定要先在幾個主流郵件程式上做測試（例如：蘋果、安卓手機、Outlook、Gmail、Yahoo Mail）。

三、Outlook問題

　　許多公司所發出的電子報，很可能是使用公司過去所沿用郵件樣板，頂多修改內文跟圖片，因此隨著修改越來越多，許多HTML可能產生錯誤。雖然在測試預覽的時候看起來都正常，但是當發送出去時就會產生跑版。而且比較頭痛的是，通常Gmail看起來正常但到了公司內部電腦版Outlook就會發生問題。

而主管們用Outlook如果看到郵件都跑版，一定會要求美編要修改到無誤才能發出，但偏偏Outlook對郵件版面解讀較差，這是因為郵件本身為HTML，Gmail是瀏覽器作為郵件讀取，因此解讀郵件最正確。然而Outlook是以桌上型電腦為主閱覽，它解讀HTML通常並沒有跟上最新標準，而且許多公司所用Outlook版本還不是最新版，對HTML支援就更差了。

　　但有些郵件內文看起來跑版其實卻不然，例如Outlook在解讀圖片有大小限制，因此若電子報圖片尺寸很大，在Outlook查看時又會有被裁切狀況，但Gmail卻又正常，這應該是要縮小圖片尺寸，Outlook等於是有警示作用而非跑版。

四、改用RWD才能治本

　　跑版問題查錯起來特別棘手，以Gmail而言是個演進速度很快、相容度也很高的郵件系統，所以許多郵件內容在Gmail裡看起來都正常，但是到了其他郵件系統裡面就經常出現各式各樣跑版狀況。當出現郵件內容跑版，負責發電子報的小編第一個直覺就會想要試著去解決某圖片不正常位置，或是某段文字出現在錯的地方。通常會從HTML本文裡去研究，畢竟現代網頁設計HTML非常複雜，許多表格層層疊用，即使只是改文字，不小心變更了可容許寬度，就有可能造成整個視覺跑版。而這些從HTML試圖去修正，

不僅浪費大量時間，通常會沒有效果。

原因是這種修改方式為治標不治本，因為真正問題是郵件整個樣板設計問題，一旦改用真正RWD樣板，其實這一些跑版問題就會迎刃而解。因此如果遇到郵件發送有跑版，若原本並非使用RWD，不要再試圖修改HTML，改了這次但下次又會有問題。

治本方式就是更改電子報樣板，使用RWD功能樣板。很可能一開始需要耗費很大功夫，畢竟等於砍掉重練，把以前用得很習慣的電子報樣板重新做改寫，但這花時間是值得的，因為只要花一次時間，就省下未來每次發電子報都經常性的跑版，而且每次跑版也都要花大量時間去檢查頁面HTML，這些所花時間會遠超過把原本樣板重新改用成符合RWD的電子郵件樣板。

第八章
電子報進階設計

第一節　靜態與動態媒合

一、靜態媒合成個人化郵件

　　有了電子報基本設計概念，亦卽從郵件主旨、預覽文字到內文，都能讓收信人打開後文字與圖片正確顯示，閱讀時沒有障礙，接著就是要透過電子報進階設計，讓內容加入個性化與動態變換。首先最常見就是利用靜態媒合，也就是內容個人化，亦卽郵件與資料的合成，可將主旨從不具名「您好！」變成稱呼收信人姓名「林小明您好！」

（一）個人化能提升開啟率

　　因爲垃圾郵件充斥每個人的信箱，造成收件者很大的困擾，不少人開郵件信箱就忙著刪信，收件者對垃圾信的怨氣也波及到正規寄送行銷電子報，只要收信人不覺得這封信是寄給他就把郵件刪除。

　　受垃圾郵件太多影響，讓收件者對商業性郵件卽使是自己訂閱電子報都失去耐性，只要電子報的標題不夠吸引人、沒有切中需求，就會視爲垃圾信一併刪除。正規電子報發送廠商對垃圾郵件泛濫現象難以改變，但仍可從自己本身做

起，站在收件者角度，給予收件者專屬優惠或訊息，亦或者製作個人化郵件，讓收件者不認為這是大量商業性郵件，便可日漸養成收件者開啟、閱讀你所寄送郵件習慣，被收件者所期待的郵件當然也就不再是垃圾郵件。

透過靜態媒合成個人化郵件，能夠針對不同客戶，發信系統自動套用專屬姓名、主旨、內容，讓收信人收到電子報時，猶如朋友寄送給他郵件提高開啟率。

（二）個人化媒合可應用在郵件多處

個人化媒合收件人資料不僅是在主旨，在郵件各處均可媒合，包含主旨、預覽文字、內文、連結網址、觸發訊息、附件檔、QR Code……幾種應用場景如下：

1.主旨：這是最常見，通常用來稱呼收件人姓名。
2.預覽文字：與主旨相同用在個人化稱呼姓名。
3.折價卷：每人折價卷號碼都不同，可追蹤兌換者是否兌換。
4.QR Code：專屬QR Code，可用在實體店面兌換與收銀機系統結合。
5.購買通知信：應用於常見電商購物通知信。
6.訂房、演唱會、機票：訂房或訂票後個人化通知。
7.通知信：各種通知信，如繳費通知、自動扣款通知、匯率變動等。
8.紅利點數：通知收件人新增與剩餘紅利點數。

（三）靜態媒合作法

靜態媒合雖然最多被使用在個人化稱呼姓名，但如上所

述應用範圍極廣，基本上就是把固定文字郵件內容，中間某些特定內容文字可以更換，符合這使用場景就能使用靜態媒合。

　　靜態媒合並非HTML標準規格，而是透過電子報系統提供，《沛盛資訊》採用將標注文字前後加上％，以主旨媒合爲例作法如下：

　　主旨：%Name%這是給你的一件禮物

　　在郵件名單檔案內，發送名單置入郵件地址以及這媒合欄位文字：

email	Name
john@sample.com	林小明
mary@sample.com	張小美

　　上述媒合之主旨即可依據郵件地址不同，加入不同內容：

　　john@sample.com，主旨：林小明這是給你的一件禮物
　　mary@sample.com，主旨：張小美這是給你的一件禮物

二、動態媒合

　　靜態媒合是在郵件中單一位置媒合，但這是置換郵件中某段文字，雖然可以做多次置換，但無法數學運算（加減乘除）或是邏輯運算（相等、不等、and／or）。動態媒合便

具備這樣能力，是《沛盛資訊》所開發出專利技術，廣泛用在電子帳單內文處理。

動態媒合將電子帳單拆成資料與樣板，資料為每人不同帳單內容，如信用卡刷卡數據，樣板則是這封電子帳單外觀，包含圖片、表格、顏色等。樣板請美工人員事先設計好，每次發送帳單之樣板多半更動機會不大；資料則透過具備加減乘除與邏輯運算，生成所需欄位與內容。

（一）動態媒合語言

動態媒合的背後是針對目標產出文件（例如帳單）需求，所研發出來的一套直覺式的簡易程式語言，這不是針對電腦工程師所設計、而是針對一般HTML文件設計者，就如同EXCEL函數一般給EXCEL文件編輯者使用。可以直接在郵件設計（HTML 內文），加入動態函數，並可混用HTML語法。

優點包含：

1. 通用的開發環境，可融入HTML設計。
2. 可條件式邏輯判斷。
3. 不定量資料的呈現。
4. 具資料運算能力。
5. 自定變數。
6. 多種工具函數、如加簽Sign、雜湊（Hash）…。
7. 自訂外掛程式。
8. 可自訂函數。

（二）動態媒合程式範例

1. 變數設定：

   [SET（myA, 123456）] 設一個變數 myA = 123456

2. 文字函數：

   MASK（）：從左邊對字串部分字元做遮罩。

   [MASK（1234567890,**…**） => **345**890

3. 轉換數值：

   TOFLOAT()：轉換浮點數。

   例：[TOFLOAT(3.141592,3)] => 3.142

4. 邏輯運算：

   依據條件若為男生則顯示男生圖片，女生則顯示女生圖片。

   [IF（%Gender% == "boy"）]

   <img src="images／boy.jpg" alt=""／>

   [ELSEIF（%Gender% == "girl"）]

   <img src="images／girl.jpg" alt=""／>

   [ELSE]

   <img src="images／none.jpg" alt=""／>

   [ENDIF]

動態媒合大量應用在電子帳單資料處理，請參考本書「第十三章 電子帳單」作深入解說。

第二節 AI主旨、AI預覽文字與AI測試

電子報設計除了許多技巧是美工人員應注意，例如避免電子報內容只是一張大圖，另外若選用合適電子報系統，內建能提升開啟率工具，利用自動化系統幫助電子報設計之不足。《沛盛資訊》提供AI主旨、AI預覽與AI測試三種不同提升開啟率工具，採用人工智慧自動進行最佳化主旨，能有效更換不同主旨與預覽文字，最大程度提升開啟率。

一、AI主旨與預覽文字

「AI主旨」與「AI預覽文字」可以合併使用或分開個別使用。AI主旨是在郵件編輯時，可以輸入多種不同主旨，在發送時發信機將依照人工智慧演算法，包含開啟率、郵件地址過往開啟點擊紀錄、寄件人、網域與多種變數，自動匹配這封郵件最適合的主旨。舉例而言，以100封郵件，並提供五個不同主旨，若採用平均分配每20封郵件會發送一種主旨，但再加上演算法計算，可能其中30封郵件會使用一個主旨，另外70封郵件使用其它四個不同主旨。透過AI主旨演算法，可以分散不同主旨提升開啟率。

AI預覽文字使用方法跟AI主旨類似，同樣可以提供多個不同預覽文字，再依照演算法自動最佳匹配。單純使用AI主旨或是AI預覽文字，已經可以比單一固定主旨及預覽

文字提升開啟率，但如果搭配使用多個主旨以及預覽文字，就可以創造出相成組合。舉例而言，若提供五個主旨及五個預覽文字，組合起來有25種不同匹配，再以AI演算法強化，透過更多樣組合方式，把開啟率再度往上提升。

二、AI測試

　　針對某次電子報宣傳文案，可以設計不同主旨並發送少量，測試哪個主旨開啟率較高，之後把尚未發出的大量電子報都採用這主旨，此種方法稱為「AB Test」，廣為電子報產業界使用。這種技巧不僅使用在郵件主旨，也常在網頁設計上做測試，以了解網友對哪種頁面設計接受或互動度較高。

　　傳統電子報「AB Test」名單取樣為選取最開頭樣本，例如發送郵件名單最開頭10%。但若這名單全部都是同樣網域（如Yahoo）或同性質收信人（如女性），則樣本就失真導致AB Test結果錯誤。

　　另外，傳統「AB測試」還有個嚴重缺點，也就是假設剛開始的確是A主旨開啟率高，所以正式電子報都用A主旨發出，結果過6小時後卻是B主旨開啟率高。由於「AB測試」都是設定某個測試期限內分出高下，因此無法避免這種開啟率在不同主旨間的變化缺點。

　　《沛盛資訊》由於擁有自主研發郵件的發送引擎，可以精準最快得知發送後的數據，因此開發出「AI測試」，改

進AB測試本來缺失的嚴重問題。「AI測試」可以一次測試多個主旨，並在持續選定區間（如每隔三小時），隨時監測樣本開啟率獲勝主旨，並動態即時更換下一批電子報，改採最新開啟率獲勝主旨。樣本選擇也不以發送電子報名單由前選取（例如前5%），這容易發生都是選取固定網域而失真（如全都是Yahoo信箱），而將名單拆散動態隨意選取不同網域的郵件信箱。

第三節　開信即時動態更新內容

一、郵件限制

透過郵件發送電子報，是跟收信人保持關係的好方法，但是郵件有它自身限制，就是當郵件發送出去之後，寄件人是被動等待客戶回應，而且這些內容都不能再進行任何更換。這限制在一些企業應用上，會造成沒有效用郵件發送，譬如餐廳推送台北分店促銷。如果收信人他是住在高雄，這封郵件對他就沒有帶來任何效用，即使他是主動願意收到這個連鎖餐廳集團的宣傳電子報，但是由於宣傳餐廳是在台北，對他就是封無效郵件。

開啟時間也是寄件人所不能控制的，無法知道這封郵件他是在收到的當下，還是要等到晚上吃飽飯之後才開信瀏

覽。而且開信時間在某些狀況之下，也會造成收信人的困擾，例如說許多店家都會寄出生日特別優惠，這個優惠在生日當天才有效，如果收信人沒有在生日當天打開這封信，他在過了生日後才看到，這時生日優惠通通都已經失效了。

二、開信前更換內容

為了解決這些郵件先天上限制，《沛盛資訊》開發獨特技術，能夠在收信人開信當下，去更換郵件內容，這項技術獲得中華民國專利。所開發的專利技術，會在收信人開啟郵件當下，更換即將開啟的郵件內訊息。舉例來說，連鎖餐廳推出促銷方案，當他在台北開信，看到的全部都會是台北分店優惠；當他在高雄開信，則都是高雄分店優惠。

收信人如果是在早上開啟這封郵件，郵件內容會跟他道早安；如果是晚上，內容則是會說晚安。像是生日優惠這類郵件，如果在生日當天以前開啟這封郵件，會跟他展示生日當天即將享有優惠；如果在生日當天開啟，就會馬上祝賀他今天生日快樂，並提醒他今天有生日當天特別優惠。要是在生日之後才開啟這封郵件，就不會再提及生日特別有優惠，而會提供其它優惠，即使他生日已經過了也可以享有。

由於電商競爭越來越激烈，許多電商也推出了限時折扣方案，利用這個專利郵件功能，收信人在指定的優惠時間之前打開郵件，才能夠看到限時優惠內容，如果過了優惠時間再度打開這個郵件，他並不會看到已經過期的優惠內容，反

而會看到最新且仍然有效的其他優惠，這樣收信人就不會察覺限時優惠已經結束，而是會持續看到新優惠內容。

透過這種專利技術，讓郵件內容更加貼近收信人的需求，而且郵件地址並不像手機門號，它有國家區域限制，這郵件很可能在台灣使用，也可能他剛好旅行在國外，因此透過這項專利可以分辨出在不同地點所開啟出不同的內容，讓正確訊息傳遞在正確時間給正確人。

第四節　郵件自動化

一、郵件觸發

觸發行銷為在第一封電子報發送後，根據開啟、內容點擊等特定行為，再度發送關聯性第二封電子報。這是基於強調與收信者互動，不再盲目散播大量行銷訊息給所有消費者。當收信人點選電子報上的連結時，依據其點選行為作分析，進而自動發送當下有需求資訊。

觸發行銷是電子報深度技術，善用此功能，讓有興趣客戶去取得他們想要資訊，以創造與客戶良好互動。當客戶開啟信件或點選信件連結時，能依收信人興趣偏好給予適當二次行銷訊息，過程完全自動化，不需再靠人力手動發送，而且這是收信人主動表示有興趣內容，而不盲目發送，如此可

避免將所有客戶信箱轟炸，除了減少客戶抱怨，更可減低行銷資源浪費。

例如：一份旅遊電子報有數個旅遊套裝行程，最差方法就是把所有旅遊套裝行程全部都寄給訂閱名單。聰明方法是，提供有「東京」、「紐約」與其它地點旅遊景點電子報，收信人在點選了東京後，系統隨即自動寄送一封專門介紹東京旅遊行程專案與折價券給這位收信人；同理，當點選了紐約，系統則自動寄送紐約旅遊行程專案給對方，將對的訊息給需要對象，這才是聰明二次行銷。

電子報觸發另一封電子報本身已經可以達到良好二次行銷做法，但行銷已經是多元管道，《沛盛資訊》透過「全訊息整合行銷」技術，已經可以做到電子報觸發簡訊、Line、App推播、臉書／IG訊息，或是任何一個行銷通路，觸發另一個行銷通路內容（例如Line觸發臉書、App推播觸發簡訊⋯⋯）

二、郵件自動化

將郵件觸發組成一連串多個觸發動作，每次動作並有單獨觸發判定條件，就構成了自動化郵件發送。

郵件自動化技術將原本只是單次郵件行銷，變成一連串依照使用行為進行郵件發送，可以演變出許多種應用方法，能有效率的自動將潛在客戶轉換成付費客戶。也因為郵件能夠做自動化發送內容，是所有行銷通路（臉書

Email行銷其實和你想的不一樣　/　138

／IG／Line……）唯一能自動進行且直接觸及客戶，因此讓電子報成為廣受行銷人員喜愛工具。

　　網站行銷觸及潛在對象有分為陌生及熟識品牌訪客，利用郵件自動化可以區分這兩類型對象，分別發送一系列針對他們所需要郵件內容，而且每封郵件內容都是根據互動行為而決定（例如開啟或點擊），因此隨著與收信人互動越多，他對品牌信任度越高，也越有可能成為付費客戶。

　　以下舉例說明化妝品牌網站，利用「新會員加入自動郵件」系列，每封郵件間隔一天，有效轉換陌生訪客成為付費客戶。

（一）第一封：歡迎與下載

　　在網站中提供免費化妝品保養十大技巧，可以採用PDF電子檔或是影片，有興趣訪客填寫郵件地址後收到這份資訊。當對方收到郵件後，根據開啟以及點擊（下載），再設計兩種不同自動發送郵件，一個是沒有開啟，會再度提醒去下載這份有用資訊；另一個是已經開啟但是沒有點擊，代表沒有下載這份文件，也會有自動郵件通知對方要在三天之內下載，否則就過期無法下載。

（二）第二封：另一個有用資訊供下載

　　對有點擊下載收信人，安排另外郵件第二天發出，提供另外一則不同保養方法吸引對方持續關注，接著依照第一封郵件做法根據開啟、點擊，設計出不同自動化郵件。第二封郵件的目的是持續對方注意力，免得下載完檔案或看完影片就忘記這品牌。

（三）第三封：產品介紹與限期折扣

如果收信人都開啟前面兩封，代表對方蠻關注這品牌，而且已經接受了三次免費資訊內容（第一次是網站，第二次是首封郵件，第三次是第二封郵件），因此要開始轉換為購買客戶。第三封郵件就是介紹產品資訊，並提供限期（兩天後到期）購買折扣，同樣會設計自動化的開啟、點擊後續郵件。

（四）第四封：優惠到期前一天

第四封郵件提醒折扣明天會到期。

（五）第五封：優惠即將到期

第五封郵件在折扣到期前六小時發出，告訴收信人優惠即將到期。

（六）第六封：延長與額外折扣最後期限

如果收信人都沒有購買，則發出第六封郵件，給予額外延長期限或是更高折扣。在這自動化郵件系列中，若收信人購買了產品，就要終止這個自動化郵件系列。

每一個陌生網站訪客，若訂閱電子報就會走完這六封間隔一天自動化郵件，則在六天內對產品很有興趣訪客就能轉換為購買顧客。其他尚未購買則列為潛在客戶名單，列入未來批量電子報發送名單中。

這一整套自動化郵件，必須經過多次測試，才能提升最大轉換率。包含要發幾次知識性郵件內容，什麼時候發出產品購買郵件，銷售期限是幾個小時，郵件文案內容撰寫等等，也必須經過實務上多次測試，找出最佳自動化郵件做

法。一但把這個自動郵件配方測試成功，就可以購買臉書／谷歌廣告，將流量導到網站上，讓陌生訪客加入這個自動化郵件系列，全自動把陌生訪客轉換成付費購買的客戶。

第九章
如何避免進垃圾信匣

第一節　郵件DNS設定

一、收信服務器如何判定垃圾信

　　大企業發送電子報最怕被直接放入垃圾信匣，但一封郵件為何會被收信服務器判定垃圾信，這是國際間為了對抗垃圾信氾濫，所訂定出一系列郵件傳輸規則，通稱為郵件DNS，主要為SPF、DKIM與DMARC。這三項規範將在後續詳細說明，先透過以下這張圖片，來解說SPF／DKIM／DMARC，如何在一封郵件發信與收信中發生作用。

　　寄信人寫完電子郵件按下發送後，這封郵件在發信服務器端進行DKIM加簽（加入私鑰），確保過程不會遭到竄改。接下來傳送到收信端服務器，此時會先檢查發信機IP是否可靠，依照國際間專門發布濫發垃圾信黑名單IP比對，確保沒有過往濫發垃圾信紀錄。通過之後收信服務器接著檢查DKIM（公鑰），看是否跟原本加簽私鑰相符，之後驗證SPF，這是檢查寄信者網域是否有同意這個發信IP去發信。

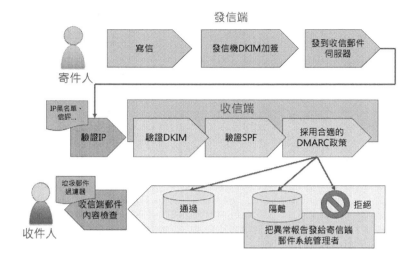

▲原圖來自https://dmarc.org/，此爲中譯方便理解。

接著進行DMARC檢查，也就是前述SPF／DKIM檢查若有錯誤，這封郵件可以依舊發送、隔離（通常就是標注爲垃圾郵件），或是拒收。然後郵件才傳給收信程式（例如Gmail網頁介面，或Outlook），此時檢查內文看是否可能爲垃圾信件（例如：大促銷、大降價等文字）。

以Gmail爲例，必須做到SPF、DKIM、DMARC通通都設定且驗證通過，這封郵件才比較不可能被丟進垃圾信箱匣（另外還需根據郵件內文判定）。

二、郵件DNS快速設定整理

以下爲針對網域名稱 sample.com透過《沛盛資訊》

郵件發送進行設定，僅以郵件DNS最常用做介紹，還有多項進階做法可參考《沛盛資訊》官網。（若採用不同電子報發信系統，須依該系統進行修正）

SPF

完整網域名稱	sample.com
文字（TXT值）	v=spf1 include:spf.neweredm.com a mx ptr ?all

DKIM

完整網域名稱	s1024._domainkey.sample.com
文字（TXT值）	k=rsa; p=MIGfMA0GCSqGSIb3DQEBAQUAA4GNADCBiQKBgQC5T4C4tyHsrVyiFZcqw4DGRDgfqtaPhEYqFSz/FSvVJywU1pBNF3rWkaaOjrzEIIb1vcIydgGi7xSXGbPqof9AnTHgVbX2cIASW09fTwTLokzj0dZ9gx9/Lsy7mjNvna4JQhLGl25oFsv2x3fwoRoynTw+2B9bRzCbTwtGX9mWOwIDAQAB;

注意: p=MIG…….整串內容不能有斷行。

DMARC

完整網域名稱	_dmarc.sample.com
文字（TXT值）	v=DMARC1; p=none

三、郵件DNS設定說明

（一）SPF設定

SPF（Sender Policy Framework，寄件者政策框架）用來規範在選定郵件的發送服務器位址，可以用來發送寄件人的網域郵件。這機制可以避免垃圾信濫發業者，偽裝網域發送假冒郵件。SPF設定裡，有列出明確許可郵件的發信機網域名稱，郵件收信服務器透過檢查發信人網域SPF，就知道這封電子郵件是否來自被允許發信機位址。

通常企業網域SPF會列出自己公司認可的對外郵件服務器名稱，但以行銷電子報而言，則是透過像《沛盛資訊》這種正規專業電子報發送廠商代發，因此電子報寄件人網域，就需加入許可的發信服務器網域／IP。SPF幾乎已經是各大郵件信箱，如Gmail、Yahoo、Outlook等收信時必驗證欄位，若檢查不過會明顯提示這封郵件來源有問題，，建議所有企業發送電子報都要加上SPF。

採用《沛盛資訊》作爲電子報發送，使用寄件人信箱網域（sample.com），請新增一筆紀錄如下：

完整網域名稱	Type	文字（TXT值）
sample.com	TXT	include:spf.neweredm.com a mx ptr ? all

P.S.上述spf.neweredm.com代表《沛盛資訊》發信機眾多IP網域。

（二）DKIM設定

DKIM（DomainKeys Identified Mail，網域驗證郵件），是一種電腦數位簽章，採用公鑰與私鑰這種加密驗證法進行。在發送郵件時由發信服務器對郵件以私鑰進行簽章，而在郵件接收服務器上，會透過DNS到發信者的網域查詢 DKIM 紀錄，擷取上面記載的公鑰資料，然後對這封郵件做簽章解碼，如果公鑰與私鑰能配對成功，代表郵件確實為原始發信機所發出。

透過DKIM導入，收信郵件服務器可以驗證郵件絕對是原始郵件發信服務器所發出，而且在郵件複雜傳送過程中，這封郵件內容也毫無被竄改過，這杜絕了濫發垃圾信業者，透過假冒郵件發送機以及假冒私鑰簽章寄送垃圾信。由於是採用公鑰與私鑰簽章架構，因此除了在網域做DKIM設定之外，在郵件發信服務器上也要進行對應的私鑰設定。

以下為使用《沛盛資訊》作為電子報發信，以寄件人為edm@sample.com，在sample.com DNS欄位增加一筆TXT 紀錄：

完整網域名稱	s1024._domainkey.sample.com
	k=rsa; p=MIGfMA0GCSqGSIb3DQEBAQUAA4GN ADCBiQKBgQC5T4C4tyHsrVyiFZcqw4DG RDgfqtaPhEYqFSz／FSvVJywU1pBNF3rW kaaOjrzEIIb1vcIydgGi7xSXGbPqof9AnTHg VbX2cIASW09fTwTLokzj0dZ9gx9／Lsy7m jNvna4JQhLGl25oFsv2x3fwoRoynTw+2B9 bRzCbTwtGX9mWOwIDAQAB;

（三）DMARC設定

DMARC（Domain-based Message Authentication, Reporting & Conformance），是用來輔助SPF與DKIM的不足，用來讓發信端網域通知收件端郵件的服務器，當遇到SPF與DKIM設定檢查不過時，以此規則進行處理。最知名案例就是Yahoo在2014年，宣布DMARC設為「reject（拒絕）」，也就是說所有不是從Yahoo郵件服務器發出郵件，寄信人都不能用Yahoo郵件地址。

由於企業郵件架構可能極為複雜，DKIM設定還要發信端服務器配合設定，所以某些企業郵件可能透過當地網路提供商（ISP，如中華電信）做為郵件發信機，這也是合法的郵件，不過由於真假不一，收信端很難知道遇到SPF／DKIM驗證不過時該拒絕還是放行。但假若寄件者絕對知道所有郵件都一定符合SPF／DKIM驗證，寄件方就可以透過DMARC通知收件方的郵件服務器，遇到驗證不過時處理方式（通過／隔離／拒絕）。

以電子報寄件人edm@sample.com，增加DNS之TXT紀錄：

完整網域名稱	Type	文字（TXT值）
_dmarc.sample.com	TXT	v=DMARC1; p=none

（四）用Gmail驗證設定

最準確的測試SPF、DKIM、DMARC有沒有設定成功，就是實際以電子報寄件人edm@sample.com，發送測試郵件到Gmail帳號，之後登入Gmail，如下圖指示來查看Gmail郵件原始檔。

郵件 ID	<0V4404bac3V0V40b39b3V4e33d64V4b907af
建立時間：	▨▨▨▨▨▨▨ 下午2:22 (傳輸時間：5秒)
寄件者：	沛盛資訊 ITPison <▨▨▨@itpison.com>
收件者：	▨▨▨▨@gmail.com
主旨：	SPF、DKIM、DMARC 測試
SPF：	PASS，IP 61.218.78.234 瞭解詳情
DKIM：	'PASS'，網域 itpison.com。 瞭解詳情
DMARC：	'PASS'。 瞭解詳情

▲用Gmail驗證設定。

在郵件的原始檔內，就可以看到SPF、DKIM、DMARC是否通過的訊息，務必做到這三項設定全部都通過，整個設定才算大功告成。

四、未設定郵件DNS所造成問題

（一）進入垃圾信匣

未設定或是沒有正確設定郵件DNS，絕對是電子報進

入垃圾信箱重要原因。由於收件服務器決定是否收下這封郵件首要判斷邏輯，就是檢查這封信發送IP是否爲黑名單，其次就是檢查郵件相關DNS。對多數的品牌客戶，使用電子報雲端發送系統，並不會遇到發送IP成爲黑名單，但如果沒有事先妥善設定郵件DNS，幾乎都會遇到因爲設定相關錯誤，而被直接送進垃圾信箱。

在前一節已經詳細解釋過郵件DNS設定，做法並不複雜，即使公司內部並沒有IT人員，負責電子報編輯及發送行銷人員，只要依照快速設定說明，都可以進行設定。設定完畢之後務必使用Gmail收信測試，確認Gmail上已經顯示全部都通過才行。

（二）公司內收不到自己發出電子報

SPF代表哪些郵件服務器可以發送寄件人網域郵件，若透過電子報業者發送到公司內部郵件信箱（常見於員工測試電子報），由於這是一封來自外部郵件，但卻是使用公司自有網域寄入，就會被郵件服務器攔阻。因爲正常公司網域郵件，都是公司自有郵件服務器寄出，但卻有來自外部郵件的寄件人，也是使用公司網域郵件，卻要寄郵件進入公司內部收件者。這就代表有可能是僞造寄件人，因此會被公司內郵件服務器所攔阻。

解決這問題當然要先設定好SPF，但若已經設定完成SPF，仍然無法收到測試電子報，則要在公司的郵件服務器中，將電子報寄件人設爲白名單，允許此一寄件人寄送郵件進入公司內。

第二節　成為垃圾信因素

一、郵件內容問題

在設定完郵件DNS之後，對大多數行銷人員，在每次發電子報時要處理的就是跟內文相關被當垃圾信部分，把握以下幾個大原則就能降低被當垃圾信機率。

（一）圖文比例

許多廠商發電子報郵件內容只有一張圖片，這非常容易進垃圾信。許多郵件是請美工人員做設計，可能是行銷活動的一整張海報，將這張海報不但製成網頁內容，也做成電子報發送內容。因此很自然地整個電子報內容，就只有這張活動海報圖，但這常被判定為垃圾信。

因為垃圾信判定其實就是模仿真人之間相互郵件，你不會寫封郵件給朋友，裡面只放一張圖。再加上一張圖片很可能內含有很多文字，在過去還沒有圖片識別功能年代，主要是透過文字判定，許多垃圾信業者就會把文案製作成圖片，騙過當時的垃圾信判定引擎。但現在垃圾信判定引擎，都具有圖形文字的識別能力，可以輕易抓出這些問題。而把文字做成一張圖片，本身就是非常可疑的行為，因此電子報裡面只有一張圖片，由於不是正常人會發郵件內容，被判定為垃圾信可能性非常高，但這卻是許多行銷部門在發電子報時，經常犯的錯誤。

電子報不能僅有圖片，必須加入些文字，就是圖文比例必須要均衡，但並未規定圖文多少才是最佳比例。就像是模擬寫信給朋友，會在一些文字後面放入圖片，以同樣方法來製作行銷宣傳文稿，寫些描述性文字，讓對方可以感同身受，再放入一些精美圖片，讓整封郵件閱讀起來賞心悅目。

（二）避免促銷用詞過多

這應該是大多數行銷人員都知道，但免不了會寫這些促銷文字上去。因為電子報許多是用來做促銷性的折扣宣傳，當然文案內容一定會充滿了特價、搶購、限時降價、大打折、不買可惜等這種性質宣傳文字，這種文字在網頁上可能不會有問題，因為網頁並沒有垃圾文字攔截功能，但在郵件就不行，因為這種文字內容一定會被垃圾信偵測程式所查出，如果促銷文字實在過多，最後被判定為垃圾信，反而進入垃圾信箱，收信人也看不到。

即使同樣遵守圖文比例，但在文字部分用許多特效，如特大字型並用多種顏色，再加上閃爍特效，如同霓虹燈一般想盡辦法吸引眼球，這種同樣容易被判定為垃圾信內容，如同網頁設計般，要用文案內容吸引閱讀，而不是用文字特效造成反效果。

（三）內容不能過多

即使電子報並無被判定為垃圾性內容，但如果郵件本身內容過多，例如在手機上需往下滑動十幾次頁面，同樣容易被判定為垃圾信。這種情形在綜合性電商、百貨業、超市等產品種類眾多之電子報特別容易發生，由於同一檔期就如同

紙本當月促銷目錄有非常多商品，因此就把這些洋洋灑灑的促銷商品製作成電子報。

　　為了符合收信人瀏覽習慣，電子報長度不宜超過手機螢幕滑動3～5次，超過之後讀者就沒耐心了，即使不列為垃圾信也是無效宣傳郵件。

二、收信人主動檢舉

　　多數行銷人員並不知道，所發出去的電子報，收信人如果不想收到，有個終極武器就是直接檢舉這封郵件為垃圾信。在Gmail、Yahoo Mail上都有這樣檢舉按鈕，收信人可以按下這檢舉垃圾信，不需提供任何原因，就會將此檢舉送交Gmail／Yahoo。當檢舉數量足夠多，至於到底需要多少封是各自演算法判定，就可能將這封郵件發送者，未來所發送電子報直接判定為垃圾信。

　　多數人即便信箱每天都收到不請自來行銷郵件，收信人並不會真的去檢舉這些沒有訂閱電子報。如果只是偶爾收到，只是會直接將她刪除，不會真的去檢舉。但真讓收信人去檢舉垃圾信，多半是找不到取消訂閱連結，這就是為何本書一直提到取消訂閱之重要性。

（一）找不到取消訂閱連結

　　最常讓收信人很火大到檢舉垃圾信，就是在電子報內找不到取消訂閱連結。大多數的人可以忍受不請自來促銷郵件，如果過於頻繁，就會在這封電子報內去尋找取消訂閱連

結，要是又找不到取消訂閱方法，但電子報又持續寄來，就只好檢舉垃圾信。

這就是爲何在電子報內，一定要設計讓受信者可以很清楚看到取消訂閱的連結。許多電子報設計，會把取消訂閱連結，用非常小的字，放在郵件內很不起眼位置，原本以爲這樣可以減少取消訂閱比率，沒想到弄巧成拙，反而讓使用者直接檢舉，造成影響更大。當然，有時候可能是無心之過，就曾有遇過品牌客戶，取消訂閱文字顏色原本是白色，因爲電子報背景顏色是黑色可以很明顯看到。沒想到設計師有一次改變網頁設計，將背景顏色改成白色，結果就找不到取消訂閱連結，幸好是他們內部員工在做測試發送時察覺。

因此在做發送前測試，其中一個非常重要測試，就是要確認電子報上取消訂閱連結，是清楚可以查看。

（二）收信設定規則直接刪除

被檢舉垃圾信對發信者影響最大，往後所有發送電子報都會被判定垃圾信，發送IP也可能被列爲黑名單。

另一種狀況是收信人並沒有眞正去檢舉垃圾信，而是設定郵件規則將這寄信人郵件全部刪除。所造成的現象就是這收信地址，電子報完全沒有任何互動，沒有開啟或是點擊，就如同是個無人使用的郵件地址。像這種沒有互動的電子郵件，應該定期查看報表，篩選出在過去某段期間，例如過去一整年從來都沒有開啟或點擊，把這些名單從發信資料庫中移除。不僅能夠提升開啟率，也降低了發送費用。

第三節　垃圾信測試

　　由於國際間垃圾郵件非常氾濫，不管你用哪一種郵件信箱，公司郵件或是個人郵件，一定經常會收到許多不請自來的垃圾信，而且這些垃圾信很多根本不是真人所發出，而是透過自動郵件系統程式所發出詐騙釣魚信。因為國際間垃圾郵件實在是太多，為了防止垃圾信，偵測程式也發展出智慧型判定方法。垃圾信與反垃圾信攻防，也就隨著雙方技術不斷提升而持續進展。

一、垃圾信評分機制

　　SpamAssassin是國際間常使用的開源碼垃圾信判定程式，它的做法非常具代表性，可以透過它了解收信服務器如何去做郵件內容檢查。一封郵件是否判定為垃圾信，主要是依照許多評分標準去做這封郵件垃圾等級扣分，最後累積出來的分數如果超過一定門檻，通常會設為5分，超過就會被判定為垃圾信。SpamAssassin評分項目有數百項，其中有些屬於嚴重扣分，例如郵件DNS等這些設定都是嚴重扣分項目；有些則屬於輕度扣分。郵件內文是透過AI判定引擎，學習過去曾收到各種垃圾信內文樣本，抓出其中關鍵字進行分析，而且系統會持續學習最新內容，如果被認定是屬於垃圾信的話就會加以評分。這種內容扣分，雖然每次扣分

數不多，但如果累積多個小扣分，也有可能跨過垃圾信評分門檻。

　　SpamAssassin掃描過郵件內文之後，就會將郵件評分可在郵件原始檔開頭看到，以下方範例而言得分為20.8，而5分就判定垃圾信，因此就被註記此封郵件為垃圾信的可能性為99%，同時主旨部分就會被加上「***SPAM***」。

```
X-Spam-Checker-Version: SpamAssassin 3.4.6
on mail.itpison.com
X-Spam-Flag: YES
X-Spam-Status: Yes, score=20.8 required=5.0
tests=BAYES_99,BAYES_999,
DATE_IN_FUTURE_12_24,FROM_LOCAL_
NOVOWEL,FSL_BULK_SIG,HK_RANDOM_FROM,
HK_RANDOM_REPLYTO,MIME_BOUND_DD_
DIGITS,MISSING_MIMEOLE,MSGID_SPAM_CAPS,
MSMAIL_PRI_ABNORMAL,RAZOR2_CF_
RANGE_51_100,RAZOR2_CHECK,RDNS_NONE,
SPF_HELO_FAIL,T_SCC_BODY_TEXT_LINE,URIBL_
ABUSE_SURBL,XPRIO
autolearn=no autolearn_force=no
version=3.4.6
X-Spam-Report:
*    3.5 BAYES_99 BODY: Bayes spam
```

```
probability is 99 to 100%
*        [score: 1.0000]
```

二、正式發送前測試垃圾信評分

　　掌握了避免被列為垃圾信郵件內容，在正式發送電子報前，應先做垃圾信評分測試，建議可使用Mail Tester（https://www.mail-tester.com/）這免費服務。進入網站之後，可看到亂數產生之郵件信箱，將電子報透過正式要發送的電子報系統發出一封測試信到這郵件地址。

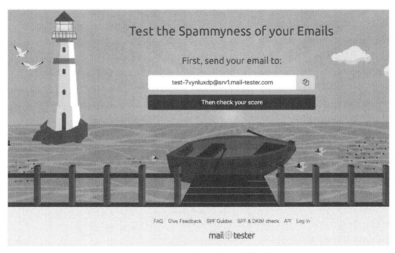

▲電子報發送前測試評分網站。

　　測試信不能用Outlook或是Gmail發送，必須使用正式發送之電子報系統，這是為了測試發信服務器IP以及發送網域，是否有被列入垃圾信IP黑名單，以及偵測郵件SPF、

DKIM、DMARC。測試信等幾分鐘之後，回到mail-tester就會看到該封郵件評分。

-0.249	HEADER_FROM_DIFFERENT_DOMAINS	From and EnvelopeFrom 2nd level mail domains are different
-0.001	HTML_IMAGE_RATIO_02	HTML has a low ratio of text to image area 你应该在邮件中写更多的文字或者去掉一些图片。
-0.001	HTML_MESSAGE	HTML included in message 别担心，如果你发送的HTML邮件是符合预期的。
-0.1	MIME_HTML_MOSTLY	Multipart message mostly text/html MIME
-0.724	MPART_ALT_DIFF	HTML and text parts are different 请确保你邮件的纯文本版本看起来类似你在HTML版本中插入的文本。
-1.985	PYZOR_CHECK	Similar message reported on Pyzor (https://www.pyzor.org) https://pyzor.readthedocs.io/en/latest/ **Please test a real content, test Newsletters will always be flagged by Pyzor** **Adjust your message or request whitelisting (https://www.pyzor.org)**
-0.001	SPF_HELO_NONE	SPF: HELO does not publish an SPF Record
0.001	SPF_PASS	SPF: sender matches SPF record 太棒了！你的SPF记录是有效的。
-0.5	SUBJ_ALL_CAPS	Subject is all capitals 修改你的主题到只有少数几个字母是大写的，而不是整个主题都是。

▲郵件發送測試評分結果。

　　每封郵件根據內容會有不同扣分項目，扣分越高項目越要優先解決，許多時候上面的英文解釋可能看不懂，可藉助谷歌協助了解。但不可能做到通通沒有扣分，把重點扣分高項目解決。對於輕微性扣分不超過1分項目，原則上盡力解決，由於影響程度低如果還是無法解決也沒關係。

三、無從得知郵件是否進垃圾信匣

（一）垃圾信判定是收信方依內容決定
　　電子報可以追蹤開啟、點擊，許多行銷人就想知道，能不能偵測所發出電子報，是否進入收信者垃圾信匣？很可

惜，答案是無法偵測。郵件開啟是採用埋入追蹤圖片偵測，點擊是透過先將連結導入電子報服務器後才到目的網址。

但電子報發出後，電子報系統能確保郵件成功被收信服務器收下，但郵件被開啟閱讀前，郵件閱信程式（Outlook／Gmail）會依照內容進行歸類，究竟置於收信人哪個信匣、是否進入垃圾信匣，這是收信端所作判斷，寄件服務器並無從偵測。寄件方能做就是發送前測試被當作垃圾信評分高低，修改內容降低被當作垃圾信可能性。

（二）Gmail「主要」信箱標籤

Gmail會將收信匣區分為主要、社交網路、促銷內容、最新快訊……等內容標籤，呈現在Gmail不同標籤頁，這是利用演算法根據郵件內容，以及收件人閱讀紀錄自動判定，電子報系統並無法得知郵件被放入哪個內容標籤。此一演算法邏輯也並未公開，無法事先測試。但許多行銷小編，很想所發出電子報，不要被歸類在「促銷內容」中，因為唯有在「主要」標籤，Gmail才會通知有新郵件，收件人也才有最大機率打開。

然而，真實私人郵件才該進入「主要」信箱匣，例如朋友寄給你郵件就該在主要信箱。因此當你看到主要信箱中有新信件，會直覺認定這是重要私人信件優先開啟。

除了這類型真實私人信件，其餘種類郵件即便寄件方認為對收信人很重要，例如網站會員帳號開通、購物結帳單、密碼重設信以及促銷電子報等。這些郵件被放在哪個內容標籤，是Gmail演算法所做判斷，若偶爾被列入「主要」那就

是運氣好，但不能期待一直如此。

即使兩封完全一樣內容，也不代表會在相同收件匣：

- 不同寄件人網域發出：由於該網域可信賴度不同（domain reputation），可能呈現在不同收信匣。
- 相同寄件網域不同Gmail收件人：跟閱信紀錄與習慣有關，可能呈現在不同收信匣。
- 同收件人不同時間：演算法依據大數據分析動態變化，隨時可能更改內容判定。

因此，沒有哪種電子報發送技巧，可以保證讓發送的郵件，每個收件人都進入Gmail「主要」信箱。

換個立場站在收信人去思考，如果你的Gmail「主要」收信匣，充滿了各種會員申請、購買通知、出貨通知、促銷折扣，而非真正你關心私人郵件，這豈不又失去了Gmail將郵件分不同標籤意義。

因此，電子報被歸類在「促銷內容」標籤是正常，倘若被放入垃圾信匣，由於電子報系統並無法偵測此一現象，可以間接透過該電子報超低甚至趨近於零的開啟／點擊來做判斷。若能在正式發送電子報前，就先測試垃圾信評分，將被扣分項目減至最低，就能大為減低被放入垃圾信匣可能信。

第四節　Google Postmaster 工具

　　大量發出之電子報究竟到收信端，有沒有進入垃圾信匣、是否被檢舉垃圾信、寄件人IP／網域可信賴程度等，這些攸關電子報成效，但卻是只有在收信服務器才知道，從電子報發送服務端並無從得知。Google提供了Postermaster工具，根據特定寄件網域發送到Gmail信箱，透過大數據統計過往紀錄，就可回答這些電子報發送品牌廠商非常關心問題。

　　可參考谷歌文件將電子報寄信網域啟動Google Postmaster Tools，由於這是大數據統計，同一寄信網域，每月發送到不同Gmail信箱，要有足夠多才能獲得數據分析，但Google並未公布需要多少郵件數量。

　　也由於Postmaster Tools是大數據統計，同時也是去識別化(不會知道個資)，並不會知道某個特定電子報發送任務，或特定某Gmail信箱，對收到電子報的處理狀況。

一、網域與IP可信賴度

（一）發信IP可信度（IP Reputation）
　　這代表發信服務器所使用IP是否在黑名單資料庫中，可參考本書「第十一章第三節：發送IP與黑名單」。若使用公有雲發送，由於會配置數量頗多發送IP，多半不會出現信

賴度低，但如果是使用自有發信服務器，且大量發送行銷電子報，又無經常性維護發送名單資料庫，就有可能IP可信度低。

（二）網域可信度（Domain Reputation）

這是啟動Google Postmaster Tools這個網域(Domain)，在發送郵件進入Gmail時，該網域的可信度。多數查看網域可信度工具都用在網站，因為網站可信度越高會影響搜尋排序結果，同一篇文章出現在個人不知名網站跟知名媒體網站，在搜尋結果排序自然不同。

一個完全不知名網域，所發出電子報，與知名電商網站發出電子報的網域可信度也不同，就會影響是否進主要收信匣或垃圾信等判定。因此，網域可信度指標對發電子報廠商影響重大，如果開啟率變很低，可以透過網域可信度工具，了解是否出問題。

IP與網域可信度採用High（高）、Medium（中）、Low（低）、Bad（差）呈現，High為最佳，Bad為最差。

二、郵件DNS與加密

（一）SPF／DKIM／DMARC

可參考本書「第九章 第一節：郵件DNS設定」，已有詳細解說所需設定。對所有發送電子報廠商，均建議將這三項完整設定，這已經是國際間郵件服務器接收郵件，必定會

做之查驗，以確保寄件者可信度。

（二）郵件加密（TLS）

如同網站瀏覽過去使用http協定，但現在幾乎已經都改用https加密協定。同樣在郵件發送與接收，也須使用加密傳輸協定，稱為傳輸層安全標準（Transport Layer Security，TLS）。此一設定是在郵件發送端進行，多數電子報服務廠商都採用了TLS加密，委託發送郵件品牌企業無需額外設定。

SPF／DKIM／DMARC與TLS在報表中均以百分比呈現，亦即在某日期區間內，有多少百分比郵件符合必要之設定。

三、垃圾信與發送失敗

（一）垃圾信比率（Spam Rate）

收信人在Gmail可以自行回報垃圾信，「垃圾信比率」即是統計在某日期區間內，有多少百分比郵件被使用者回報為垃圾信，應該要趨近於零才是正常。這種狀況屬於使用者手動標示垃圾信，與發送到Gmail信箱直接被送入垃圾信匣不同。電子報發送卻被自動判斷垃圾信通常可以從網域／IP可信度統計報表查看，若可信度呈現「差」，很可能直接被Gmail自動判定垃圾信。

但若是成功進入收信人信箱，即使是在促銷信匣，都並非屬於垃圾信。但收信人仍可手動標示此一郵件為垃圾信，

即成爲「垃圾信比率」統計報表。

（二）發送失敗（Delivery Errors）

此統計報表爲該網域發送給Gmail郵件產生寄件錯誤，此一報表也可在電子報發送廠商的發送失敗報表中查看。此報表以百分比呈現，數值應趨近於零。

第十章
發送前檢查

第一節　測試發送

　　電子報正式發送前，先做測試發送非常重要，主要用來驗證所編輯的郵件內容，包含圖片、點擊、文字、顏色以及媒合參數（姓名稱呼等），最後郵件收到時是否內容文字無誤，以及整個郵件是否有任何跑版（版位偏移）出現，並還要測試超連結點擊是否正確前往目的網址。

　　郵件測試若為B2C建議優先使用Gmail收信進行，B2B則用公司內部常使用Outlook（電腦版，非雲端版）收信，以及Gmail。使用Gmail原因，是因為Gmail相容度最大，而且讀信App程式更新也最快，通常最新網頁技術都很快加入，此外利用Gmail可以檢查郵件原始檔和驗證SPF／DKIM／DMARC是否正確。

一、Outlook對郵件圖文解讀較差

　　在電子報測試過程中，Gmail收件通常問題不多，但最多問題卻是來自電腦版Outlook郵件。使用Outlook測試的原因是因為公司內部大多都是使用Outlook收信，但即

使發給B2C郵件，Gmail收信測試內容打開完全正確，卻常會發生Outlook有跑版現象。雖然個人消費者並不會使用Outlook去收信，但常常遇到狀況，是公司部門主管用Outlook收到測試電子報，不滿意所呈現樣式，例如圖片出不來或是頁面跑版，即使用Gmail收信內容正常，公司主管還是會要美編人員持續修改到Outlook可以正常讀取。

Outlook對郵件支援並不好，主要是Outlook使用微軟Word文字引擎去解讀HTML郵件，Word主要是用來編輯文字檔案，並非解讀以HTML為主郵件。而HTML標準持續在更新，Word解讀引擎更新較慢，因此在HTML郵件解讀上就不如Gmail這種完全針對HTML郵件所做App，能夠最大程度相容最新郵件HTML標準。

不僅Outlook解讀HTML能力較差，公司內部通常也不會用最新微軟Office系列產品，如果公司使用舊版Outlook，許多最新的HTML郵件設計方法就無法呈現。這就是為什麼在Gmail看起來正常，但在Outlook卻不正常的原因。通常大多數B2C的郵件，不用擔心Outlook看起來不正常，只要確保Gmail使用正常即可，但是為了要兼顧公司內部主管要求，很多時候還是需要設計出Outlook能夠正常讀取的郵件。

曾經遇過一個企業客戶案例，該公司內部所使用的Outlook是非常舊版本，行銷人員測試電子報在Gmail上面都正常，所發送郵件也是屬於B2C消費性電子報，但是在公司Outlook讀信卻有各式各樣問題，協助排除很多常見的

Outlook狀況，但依舊無法正確顯示，最後詢問到所使用的Outlook版本，是超過10年以上舊版本，難怪很多HTML語法並不支援。

二、郵件閱讀性測試

在手機App開啟郵件，不同手機系統仍會有不同結果。安卓跟蘋果手機，同樣用Gmail打開同一封電子報，兩者郵件呈現都有可能不同，例如表情符號（emoji）在兩個手機系統，就會有不同樣式跟顏色，蘋果手機多半色彩較鮮明。再加上雖然同是安卓跟蘋果手機，不同版本作業系統，以及Gmail App是否最新，都會影響電子報呈現不同內容。因此很難測試到所有各式各樣可能發生的狀況，包含Android、Apple iOS、Windows作業系統、Mac作業系統，以及這些電腦作業系統不同版本，並無法測試到所有可能的狀況。

大品牌企業若想在發送前先模擬各種郵件裝置所呈現內容，推薦使用Litmus.com郵件預覽服務，它功能是提供一封電子報發送之後，在各式各樣作業系統、App、讀信程式之下，這封電子報所呈現內容。Litmus服務可以協助在郵件正式發出幾萬封之前，先了解可能在哪些作業系統或App郵件之下，會產生跑版現象，例如很可能在Gmail正常，但是在Yahoo Mail卻不正常，事先做適度修改，以便讓大部分主流讀信程式，都能夠正常閱讀所發出的電子報。

三、垃圾信評分

正式發送前也必須進行垃圾信評分測試，這主要是用來驗證兩大指標：

1. 郵件DNS：透過Gmail，就可以驗證在本書第九章第一節所說明郵件DNS設定是否正常，包括SPF、DKIM與DMARC。目標是在Gmail原始內容顯示，都能取得通過。

2. 郵件內容：根據郵件文字內容以及圖片，判定這封信可能成為垃圾信分數。

建議使用Mail Tester（https://www.mail-tester.com/）進行評分測試，可參考本書第九章 第三節說明。

四、連結測試

除了外觀是否跑版測試比較明顯可見，郵件點擊連結是否正確也關係到這封電子報能否順利帶流量到網頁上，進而購買達到行銷目的。

雖然在編輯電子報時，應該都已經測試過連結網址，但在大量發送前還是要再次確認並且真實去點擊，確認前往目地網址，查看是否為正確點擊前往頁面。在實務經驗上，經常遇到許多品牌企業在正式發送電子報之後，才發現點擊目標是錯誤網址，但郵件已經全數發送。

（一）發送後連結錯誤修改

也因爲有這樣需求，《沛盛資訊》也開發出在郵件正式發送之後，都還可以從後台去做編修目標的連結做法。這是爲了要追蹤點擊，所有目標網址點擊，都會先到電子報系統追蹤連結再轉址到目的網站，因此從電子報系統後台修改這目標網址即可解決。但這畢竟會增加很多工作量，而且在修改之前，某些客戶也已經打開了這封電子報來不及去挽救了。因此還是建議在測試過程當中，要實際點擊每個目標網址，確保連結正確網址。

五、取消訂閱測試

每封電子報郵件都一定要加入取消訂閱功能，在電子報測試過程也要去確認取消訂閱的功能是否正常。電子報行銷目的是透過郵件吸引、說服收信人更加相信寄信人所屬公司所提供的產品或服務，但卽使原本主動訂閱電子報，隨著時間不同收信人的興趣也會改變，他可以改變心意不想再收到。讓不想收到電子報的人離開，不但省下發電子報的成本，也能精準發送到願意收郵件目標客戶，這是雙方互贏結果。

取消訂閱無法正常發揮功能，是造成收信人最大抱怨來源，甚至就直接舉報此爲垃圾信，反而會影響寄件人的網域信譽等級，若超過垃圾信舉報門檻就直接會被收信服務器列爲垃圾信，更得不償失。

六、排除收件黑名單

　　透過電子報系統取消訂閱，會將該郵件地址列為不寄送名單，在系統正常運作下，並不會發郵件給對方。但有時候收信人並不透過取消訂閱連結，他們可能直接回覆這封電子報，或是打電話到發信公司要求移除收信，這些都沒辦法自動進入取消訂閱名單，就需要手動加入收件黑名單。

　　收件黑名單不同於取消訂閱，若曾取消訂閱仍然可以再度訂閱電子報，就可重新收信。但若為收件黑名單，則無法訂閱電子報，必須特別通知系統管理者將黑名單移除，才能夠再度訂閱電子報。

第二節　發送時間與頻率

一、預約熱門開信時間發送

（一）收信時間跟開啟率有密切關係

　　郵件收信時間對是否開信佔有重要因素，我們每個人時間都是高度碎片化，每次只能有一點點時間專注在某處，之後又會被其它事物分心，特別是在手機上讀信，Line、IG、FB都常跳出各種貼文提醒，再加上各種App推播，如果才剛準備開啟郵件就被其它App分心，回到郵件系統又多

出好幾則郵件，就可能錯失原本這封電子報沒機會被打開。不僅如此，若收信時間是在錯誤時間，例如半夜收到電子報，但早上在手機看信時，又被很多更新郵件將原本電子報推到下方，讀信都是由上至下，有可能不會打開這封郵件，因此收信時間確實跟開啟率有密切關係。

發送給個人消費者B2C電子報主要是透過手機開啟，發送給公司郵件信箱B2B電子報主要是透過公司電腦Outlook讀取，兩者會有截然不同開啟時間，依照發信速度，要安排讓電子報可以順利進入收信箱時間。

（二）B2C與B2B熱門開信時間

B2C個人用戶主要是用手機開信，因此全天都有機會看到郵件，開信時間主要是集中在起床到就寢期間，早上6點過後到晚上12點。

現代人已經有起床後查看手機是否有訊息、郵件的習慣，因此早上六點後開信就逐漸增加，隨後準備出門、通勤、進辦公室等，開信率一路增加到約早上10點，這時前一晚沒看的郵件都差不多看過了，郵件開啟率就趨緩。

中午用餐過後時段，約12點半到下午2點間，又是B2C個人信件開信另個高峰期，原因是中午吃飽飯後也比較多人有時間看自己的手機郵件。在下班吃飽飯後，高峰時段多半集中在晚上8點至11點之間，8點至9點間為開信最高峰，之後緩慢下降，等超過11點進入多數人休息睡覺時間，開信就會下降。

若是發到公司郵件信箱B2B郵件，則是進公司之後才有可能看信，早上9點進辦公室後多數人開始看郵件，9點到10點是開信高峰，中午用餐過後1點到午休後上班時間2點多，則是另一個開信高峰。但即使不是在郵件開啟高峰期間，若一直使用電腦上班族，也都會維持郵件多半很快開啟，只不過到下班時間，六點過後開啟率就遽降。

（三）利用「開啟歷程報表」統計熱門開信時間

上述B2C與B2B開信高峰，為一般性質統計數據，但對於不同產業則有不同特性，夜貓子族群高峰期是在半夜，政府部門跟許多工廠都在8點或8點半開始上班，若是發送到跨時區，如美國、歐盟，開啟時間就更為複雜了。因此需要了解自己所發的電子報客戶過去究竟都在什麼時間開信，並安排適當預約發送時間。

《沛盛資訊》電子報系統提供「開啟歷程」報表，列出在一天時間中，每個整點時刻的開啟統計分析。以《沛盛資訊》自己發出電子報做範例，由於此為B2B電子報，因此開信集中在9點上班過後時間，9點到10點間剛到辦公室因此開信數量最大，之後一路降低，6點下班後開信可能是個人信箱，或有些人會把公司郵件在手機查看，因此晚上時間仍有零星開啟率。

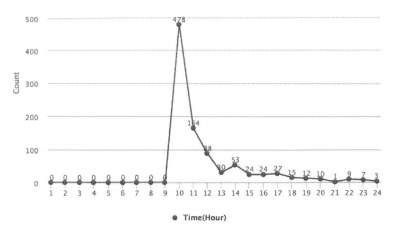

▲《沛盛資訊》電子報開啟歷程。

二、發送頻率

　　電子報發送不應該太多，但也不能太少。太多了客戶會覺得一直在打擾他，讓他想要取消訂閱電子報。如果太少發送，又失去了持續告訴對方你的品牌訊息，反而讓收信人忘記他曾經訂閱這個電子報，下次再發送給他時，也會提高取消訂閱機率。

　　對於發送給消費者電子報，建議每週以二則為上限，除非有什麼特定節日或假日宣傳（如母親節檔期、生日等）。當然，你也可以在新產品上市時，較為密集發送電子報，否則若是以維繫客戶關係為主的行銷電子報，一週一次或兩次發送是大多數客戶可習慣也不會覺得太打擾的次數。

　　只要有個適當的頻率，讓客戶知道固定在每週某一天會

收到你的電子報。一週一次或兩次大概是電子報標準發送頻率，但你如果沒辦法生成那麼多內容，至少兩週一次倒還可以接受；若一個月只有一次數量就實在是太少，很難讓收信人記得曾經訂閱過你的電子報。

第十一章
郵件發送引擎

第一節　郵件發送引擎

一、自行研發高速郵件發送引擎

（一）源自矽谷技術

在台灣擁有能力開發高速郵件引擎，只有《沛盛資訊》沒有其他廠商。這裡稱高速發送，不是一小時一萬封，而是一小時能發出五百萬封，一天要能發出一億封等級。《沛盛資訊》前五大客戶，每天郵件發送數量都經常性超過五百萬封，甚至其中幾個還是每天超過一千萬封郵件，若遇到年節大檔期，更高出千萬封許多。這樣高速郵件引擎，放眼全世界有能力提供廠商也是屈指可數，具備與全球大廠同等技術能力。

這關鍵技術就來自西元兩千年初，《沛盛資訊》創辦人唐旭忠先生從矽谷回到台灣，帶回高速訊息傳播技術。唐總經理原為矽谷軟體公司技術長（CTO），這公司所開發技術就是能夠把訊息在短時間之內快速推播。公司內部都是C++高手，工程師通曉許多網路底層技術，才能夠在短時間之內快速把訊息推播出去。產品賣到了全世界大型知名品

牌，這就是技術來源。唐總經理從矽谷回台灣之後，募集團隊與資金開始研發電子郵件發送平台。

（二）從頭自主研發高速發送引擎

就如同即使把十輛小轎車引擎組合在一起，也無法成為一台賽車引擎；一部超級電腦的運算能力，並不是把許多台家用電腦組合在一起，就能夠贏過超級電腦。高效率郵件發送引擎，就如同賽車引擎或是超級電腦運算能力，能夠在短時間內爆發強大的威力，在一小時內傳送超過數百萬封郵件。

由於自主技術研發高速郵件發送引擎，因此具備調教郵件引擎技術能力，針對郵件發送系統所需要的客制化修改，《沛盛資訊》是國內市場上唯一有辦法提供技術服務，可以針對不同規模客戶，修改所需加密等級、會員數據庫連接、退信、郵件追蹤、收信觸發等多種客制功能。

由於掌握郵件底層技術，所開發出來郵件發送引擎，代號March，採多執行緒每小時發送高達數百萬封郵件，發送速度是同業數十倍以上。客戶群涵蓋台灣大型跨國企業電子報、大型銀行電子帳單、電商領導品牌，只要需超強郵件發送引擎，不論原本用哪個廠商電子報／電子帳單，最後都傾向採用《沛盛資訊》解決方案。

March郵件發送引擎，不需要特別使用高規格CPU／SSD，一小時可以發送高達五百萬封郵件，而其他電子報廠商發送引擎，即使建造了多台機器來分流發送，五百萬封郵件很可能一天一夜都發不完。特別像擁有數百萬會員

的企業通常電子郵件發送需當天發完,因為隔天還有新促銷需發送,因此普通郵件發送引擎根本無法承擔。

自主開發郵件發送技術雖然有困難但都能克服,可是面對市場推廣卻遭遇極大困難。這是2010年前,那時台灣電商還不是很興盛,大家並不習慣在網路上買東西,發送電子報需求也不多,而且通常廠商不願意自己從頭累積電子報訂閱名單,當時個資法與垃圾信規範也不嚴謹,即便是濫發垃圾郵件仍然能被客戶收到,因此在當時最賺錢的不是正規快速發送郵件系統,反而是能夠收集郵件名單、販賣郵件名單這種大補帖業者。但隨著資安逐步被重視,國際間對垃圾信防制越來越嚴格,以及電商網路購物越來越普及,這自主研發技術才開始在市場上發光發熱。

二、郵件發送引擎開發困難

在台灣郵件服務提供業者,唯有《沛盛資訊》自行開發郵件發送引擎,因為這是高技術難度軟體開發。多數電子報業者並沒有能力開發自己的郵件發送引擎,都只是設計網頁介面和規劃電子報發送畫面、流程,這些都是網頁設計,是需要規劃良好但技術開發並不難,真正難的是要把大量郵件高速發送,而這正是技術核心所在。

在挑選電子報系統時許多客戶都是看重頁面漂亮,功能好不好用,使用者介面是不是有親和力,發信流程有沒有順暢等等。這一些外在介面對使用便利性都很重要,如果一個

發信系統用起來不好用，使用者也不會想去使用它，但是在好用前提之下，如果不注意發送速度能否把限時的促銷電子報在期限內發送，那就失去了發送電子報的原意。

　　但大多數電子報系統發送業者，都只強調使用網頁功能，卻都不提發送速度。因為郵件發送技術若只要發幾百封郵件是件簡單的事，甚至透過Gmail郵件系統就能夠發送出去。但是如果要一天內發送十萬封甚至是百萬、千萬封，這就需要高度技術能力，要非常了解作業系統底層，以及郵件系統運作得基礎原理，才能夠在短時間之內，發送出百萬、千萬封郵件。

　　除了《沛盛資訊》自行掌握郵件發送引擎，郵件服務器位於台灣機房以外，其他台灣電子報業者都沒有自己開發郵件引擎，它們的郵件發送透過兩種方式發出：

　　1.國外郵件業者寄出：在美國有多家專門代寄電子報發
　　　送業者。
　　2.開源碼郵件程式：在Unix／Linux即有郵件寄送程
　　　式，電子報業者安裝幾十台Linux服務器來發送。

（一）國外業者代為發送資安風險高

　　台灣電子報廠商最常見就是由國外郵件寄送服務代為寄送，台灣廠商只設計電子報網頁。以汽車製造來說，就等於是只做外殼組裝，但關鍵核心引擎卻無法自己生產要靠進口的。雖然開發快速且頁面美觀，但把資料送到國外，等於不在能掌控範圍下，這會引起巨大資訊安全隱憂。這就是為何國內品牌大廠與金融業者在電子報／電子帳單招標時，通常

都會有條款要求郵件發送服務器必須位於台灣，就是基於資安考量。

許多想要發送電子報的公司選擇電子報服務業者時，主要考量都是功能，網頁畫面是否美觀，是否提供精美樣版，和文字編輯易學易用，報表簡單明瞭等等，就如同消費者在買車時，注重外觀好不好看、乘坐舒適，以及各種配件功能等，但卻忽略引擎耐用與穩定度。

等選擇好電子報業者，雙方所簽定的合約也都是價格為主，最後你將公司電子報名單傳送到這個服務業者，他拿到郵件名單後，如何真的把郵件發送出，交給誰去發送，中間經手過多少不知道的廠商，這些藏在背後的細節，想發電子報的品牌公司通通不會知道，未來在公司個資稽核可能成為潛在問題。

因為沒有掌握自己的郵件發送引擎，這些電子報廠商在廣告宣傳上會全力強調自己介面美觀、易學易用等優點，吸引對郵件行銷不甚了解，只是想便宜發送電子報客戶。在實際運作上，這些電子報業者會把發送委託給國外不同郵件發送商，至於交給誰去發，不會在合約裡註明。

這些公司會以成本最低的方式，尋找不同國外郵件發送商配合，即使原本跟某家較有信譽的公司合作，但要是有另外廠商提供更低發送費用，下次電子報就被轉交給這間新公司發送。而且這些轉換客戶也不會知道，呈現在Gmai收信箱若外行人也看不出差別，但畢竟郵件名單是屬於個資，即使這些國外代為發送廠商，不是有意獲取個資而是系統遭

駭，這樣可能導致郵件名單被劫取，龐大數量的個資外洩，潛在可能造成違反個資法鉅額賠償。

魔鬼藏在細節裡，否則為何要注重資安知名品牌企業與金融、證券、保險業者，在尋找電子報廠商要特別訂出在台灣發送條款，主要就是要掌握個資流向。

（二）開源碼郵件程式發信效率低

沒有掌握郵件發送引擎的台灣電子報業者，除了委託國外郵件代發業者發送，另一個作法就是採用開源碼郵件發送程式，例如使用Postfix或是Sendmail這種Unix／Linux為核心系統發信程式。

這些系統設計用意是為了提供Unix作業系統內各種程式，發送簡單訊息郵件，如個人或系統狀態通知，主要是用來一封一封寄送郵件的單機設計，無法串聯多台機器分批發送。而這些發信程式設計本來就是一台機器所發出，也不需處理大量郵件，就像你用Outlook寫郵件寄給別人，一天不可能寫太多封郵件，因此以Sendmail這類程式，一台郵件服務器一天發幾百、數千封郵件，已經是很大數量。

但是這種以單機為主的寄送郵件方式，若用來商業用途發送電子報，可能一天要發送數十萬封到數百萬封郵件，以《沛盛資訊》一天之內要發送幾千萬封以上郵件，若使用Sendmail這類的發信程式效能會極差。這是因為Sendmail設計就像是小轎車，但是一次就要發送百萬封電子報，就像是載貨大卡車。轎車也許可以設計很豪華價格也很貴，但是能夠裝載貨物有限，但是大卡車一次就能夠載大

量貨物，這是因為設計理念不同。

　　因此電子報業者為了能在國內發送，透過開源程式碼 Postfix／Sendmail寄送，但畢竟效能有限，為了能發更大量郵件，便要架設數量龐大的發信服務器，或以CPU速度更快的服務器來彌補發信速度不足，但能改善幅度依舊有限，畢竟轎車不是用來載貨，是無法跟大卡車比的。但是對於有規模電商，它所需要發送大量電子報，這必須是像大卡車載貨量，才能夠把大量電子郵件發送出去，如果只是小型郵件發送引擎並無法順利發送。

三、AI高速郵件發送引擎

　　一封郵件在發信最終只有兩種結果：成功與失敗。但是可能會經過嘗試發信數次後（1～N次或是發送時間截止）才會決定最終結果，最終發不出去的郵件會被當退信（hard bounce）處理，但是即使發信成功後，接收方郵件系統仍然可能會依他們內部條件後續再退信（soft bounce）。

　　《沛盛資訊》電子報發信引擎是為了解決大量郵件發送所設計，並導入AI判讀機制，經常性調整最佳發送模式，提高發送成功率，解決退信率過高，降低收信服務器擋信風險。由於這是自行研發擁有全部程式原始碼，並且可依大客戶需求做調整。

（一）AI技術高速郵件發送

發送一封郵件難度不高，但若以每小時處理五百萬封郵件發送速度，難度就極高，需要同時處理大量數據。特別是發送電子報難度不在於發送服務器要將郵件發出，因為垃圾郵件氾濫原因，要高速發送郵件最難部分是在於如何讓收信方，如Gmail、Yahoo Mail同意大量收下郵件。

人工智慧（AI）本質為演算法加上大數據，高速發送郵件本來就在處理大量數據，擁有許多數據可供試驗，接著就是演算法主要運用在與收信服務器往來，以及如何調配待發郵件透過不同組IP、發信機送出。《沛盛資訊》發信引擎加入AI技術，更加提升了發信速度與成功送達率。

由於垃圾信氾濫，因此像擁有大量郵件帳號數，如Gmail、Yahoo Mail，都導入AI作為垃圾信偵測機制，這對於《沛盛資訊》這種正規郵件發送業者，同樣要開發AI技術並學習收信服務器拒收、阻擋垃圾信行為，建立正規發送演算法，且須隨時自動學習更新。

在發信機架構上，首先擁有為眾多數發信IP，分別配置在多組運用實體服務器與虛擬機，在自行開發的高速郵件發信引擎所組合成的發信服務器。因為收信方拒收郵件，最基礎就是同一發信IP在短時間之內，發送大量郵件進入，因此分散不同發送IP能有效預防這種狀況。由於自有發信引擎已經開發與使用超過十年，累積起大量收信服務器如何阻擋來信邏輯，並能將接著要發送的郵件，動態移轉到不同發信機、IP，或暫停該收信服務器的網域郵件，改發往其它

網域。這些運算過程並導入AI技術，讓系統能夠自我學習並改善，因應未來更複雜的郵件發送環境，並提升更快速發送。歷經十多年的大量郵件發送經驗，累積出數量龐大的智慧分派機制，提升郵件送達率。

（二）AI高速發送郵件引擎優點

《沛盛資訊》所開發出AI高速發信引擎擁有以下優點：

1. 可在同一台發信機中綁多個IP，可降低硬體成本。

2. 可針對不同網域做各種微調，例如：發送頻率、發送週期、發多久後休息多久時間、連線數量、發送執行數、郵件有效時間、失敗嘗試次數等。

3. 自動依對方郵件伺服器回傳訊息做自動判斷並採相對應處理，例如：當對方郵件伺服器採黑名單機制時，自動將該封郵件列入稍後處理，可避免多次嘗試連線引起封鎖IP之問題。

4. 多台發信機可互相溝通，例如：當某IP已被對方郵件伺服器封鎖時，發信機則自動將此郵件轉送給另一台發信機做發送，有效提高發送成功率，此功能在越多實體IP則越明顯。

5. 郵件有效時間功能，當郵件逾期時自動列為退信。適合限時活動，可解決因過期郵件引起客訴問題。

6. 發信Log可記錄在資料庫方便監控與查詢。

7. 收信機與發信機各自獨立，可避免被惡意攻擊時導致當機，也可搭配監控程式保持正常運作。

（三）電商需大量郵件發送

電子商務已逐漸成熟，人們已經很習慣在網上購物，也不懼怕網上使用信用卡，因電商興起進而帶動透過電子報網路行銷盛行。對於行銷人員透過電子報做客戶關係行銷，不論發送促銷折扣或生日賀卡，都是最省錢而且有效方法。所以越大型電子商務業者，越仰賴電子報發送促銷訊息給收信人。

大型電商業者都擁有大量客戶名單，而且這些客戶一定提供過郵件地址，因為要透過電子郵件做帳號註冊、購買確認、貨品寄送等等相關訊息，所以電子郵件是在電商時代跟消費者之間非常重要的媒介。透過這樣的媒介，電商跟消費者形成了不太緊密弱連結，但卻非常有效而且適當，這種方式跟透過社群媒體等發送訊息給追蹤者不太一樣，由於社群媒體演算法並不會讓所有追蹤者都能夠看到廣告貼文訊息，因為社群媒體主要靠廣告盈利，它希望廠商購買廣告以提高貼文觸及率。

至於即時通訊軟體由於比較像是認識朋友之間的交流工具，同樣也不適合一直宣傳促銷折扣等。因此一般消費者跟電商品牌之間，最有效而且最可以被接受的聯繫方法，就是透過電子郵件。每次品牌所發電子報，收信人可以自己選擇看或是不看，但是只要開啟率增加或減低，就緊緊關係著這一檔促銷業績的好壞。

第二節　郵件如何發送

一、SMTP

　　行銷性質大量電子報發送，跟辦公室使用Outlook發送郵件，發送都是透過SMTP（Simple Mail Transfer Protocol，簡單郵遞傳送協定），這是發信與收信端郵件服務器發送通訊協定，若是接收郵件則透過稱為POP3或IMAP通訊協定，將服務器中郵件收至個人端裝置。

　　SMTP傳送郵件是在發信端與收信服務器間，建立傳送通道，過程如同人與人之間，先打招呼後開始交談。由於在SMTP剛制定時，電腦數量很少，網路頻寬也極小，因此主要均使用英文純文字模式。隨著網路應用越來越大，透過SMTP發送郵件，也由純英文字逐步加入各種語言編碼以及圖片、附件檔，伴隨著SMTP不同應用也衍生許多相關通訊協定標準。

　　郵件發送主要作為個人對個人之用，SMTP定義了這種通訊方式，但隨著網際網路興盛，郵件發送由於簡單、技術門檻低、價格便宜又直達收信人，因此被來作為企業大量行銷之用，除了收信人主動訂閱電子報，也有不請自來的垃圾信。為了防範垃圾信，國際間也逐步在SMTP架構下加入防範垃圾信規範，即為在本書介紹之SPF、DKIM、DMARC。

大量發送電子報所採用仍然是SMTP通訊協定，依舊是以點對點發送，但透過在發信端使用多服務器，同一實體服務器還能使用虛擬機，並綁定不同數量IP以及利用多執行緒同時啟動多個SMTP，透過設計得宜郵件發信引擎，就能達成快速大量發送電子報。

二、郵局與郵差

傳統的紙張郵件寄送，已經有數百年歷史了，寄信人寫好信，貼上郵票丟在郵筒，郵差去收信之後，回到郵局經過層層轉交給收信方的郵局，收信方郵局再派郵差交到收信人手上。這樣的紙張信件寄送跟收信，不管哪個國家幾乎都是相同過程，而電子郵件的傳送過程，幾乎就是仿照紙張郵件傳遞過程。

（一）寄信

電子郵件寄送流程，首先寄信人例如用Gmail或Outlook寫一封郵件，按下寄送後，這封郵件會轉交到郵件服務器，這就像是郵局的角色。從寄信人郵局，接下來會經過多次中繼站，之後到收信人郵局。例如實體紙張信件，從台北內湖郵局寄到高雄澄清湖郵局，也是先運到台北的郵局轉運站，一同載送到高雄郵局轉運站之後，分送往澄清湖郵局。如果是寄到更偏遠地方，這中間轉運站還會更多。

（二）收信

前面這封紙張郵件，郵差終於運到了澄清湖郵局，套用

電子郵件的術語，澄清湖郵局就是收信人的收件服務器。

電子郵件到了收信服務器後，企業客戶收信人使用Outlook郵件軟體，會定期去檢查收信服務器有沒有他的信，如果有就收下來。若是個人用戶使用手機Gmail App，打開App時立即到Gmail收信服務器查看郵件，或是設定會定時去收信服務器查看是否有新郵件，若有收到就在Gmail顯示新郵件通知。

第三節　發送IP與黑名單

電子報要發送成功，關鍵因素不是寄件人的發信服務器，而是收信人郵件服務器願不願意收信。這跟寄信IP來源有非常大關係，若寄件IP跟寄件人網域有濫發垃圾信紀錄被列入IP黑名單，收信方立刻就會拒絕收信。

採用公有雲電子報發送，因為發信IP由電子報業者提供，通常都會配備幾十個或上百個發信IP，不會有發信IP黑名單問題。但若公司內部架設私有雲電子報發信，一天要發送幾十萬到幾百萬封郵件，且B2C郵件以多半集中在Gmail、Yahoo Mail、Hotmail（outlook.com）等免費網頁郵件，當發信IP數不夠多且郵件寄送目標非常集中，會發生寄件IP被列入黑名單的情況，使發信成功率下降。具體症狀就是退信高或電子報開信率劇降，可能上個月還有

15%，但這個月變成1%，就要檢查是否被列入IP黑名單。

一、發信IP與網域黑名單

由於垃圾信氾濫國際間訂定了許多種針對垃圾信防治標準，對於收件服務器，最有效驗證方法就是依照寄件IP做攔阻判斷，如果該IP經常性寄送垃圾信就直接阻擋收信，這也是收件服務器普遍應用技術，這稱為發信IP黑名單。另一種是針對寄件網域阻擋，特別是寄送到免費信箱如Gmail、Yahoo Mail，收信服務器會針對某個寄件人網域阻擋，稱為網域黑名單。

（一）新發送網域

寄件網域地址都有信用程度等級，稱為網域信譽（Domain Reputation），網域已經使用二十年知名品牌所寄送電子報，當然比剛購買的網域，收信服務器會有更高送達率。因此可以理解，一個全新網域從來沒發過電子報，卻在第一次使用就發送幾十萬份電子郵件，那麼這個寄信人網域被列入黑名單或垃圾信可能性就非常高。這就是為何全新寄件人網域會有培養網域信用程度期間，一開始都只發少量電子報，而且內容要盡量做到完全幾乎不會是垃圾信，圖文並茂、少用促銷宣傳文字，這個過程可能要幾週以上，但沒有一定標準，是企業全新開始發電子報建議做法。

（二）IP黑名單

在電子報寄送過程中寄件IP也有可能成為黑名單而被

收件服務器拒收，因爲同一個IP可以發送不同網域郵件，收信方只要把關寄件IP，就能判定這封信比較不是垃圾信或病毒、釣魚、詐騙郵件，因此在國際間，主要是透過寄件IP黑名單來做垃圾信防範。

（三）寄件網域黑名單

IP黑名單通常是寄送到任何收件地址都無法收到，但寄送黑名單也有可能是特定收信網域，有遇過知名大企業發生案例，他們發送到Gmail幾乎90％被退信，但發到Yahoo就正常。這狀況也會反過來，也遇過發到Yahoo全部被退信，但Gmail又正常接收。這就是該寄件IP不是黑名單，但寄件人網域本身被Gmail或Yahoo Mail列爲黑名單。因爲若寄件IP被列爲黑名單，不管寄到Gmail、Yahoo通通都會退信。

網域黑名單就是因爲該寄件人網域，經常性寄送垃圾信到特定收件人網域如Gmail，被Gmail判定爲發送垃圾信，封鎖該寄件人網域郵件，該性質封鎖若初犯可能是短暫，但若已被封鎖還持續發送，就會變成長期封鎖。這就是爲何名單清理的重要性，當收信人地址持續出現在退信報表中，但電子報還是持續發送，就可能造成被收信端列爲長期封鎖。

二、黑名單資料庫（RBL）

也因爲非法濫發電子報爲數衆多，有許多偵測寄件IP黑名單技術被開發出來，舉例而言可以設立完全沒有人使用

的郵件帳號，在各種網域設立類似空白郵件地址，這種做法稱為Honeypot（蜜蜂罐），也就是誘餌意思。如果這種無人使用的郵件信箱都還有郵件到這個帳號，那麼這些寄件人網域與寄件IP一定都是垃圾信業者。這只是郵件黑名單偵測做法之一，事實上還有許多各式各樣的技術去偵測寄信IP是否為垃圾信發送來源。

國際間有許多資訊安全公司提供上述寄件黑名單IP資料庫服務，稱為Realtime Black List（也稱Realtime Blackhole List, RBL）。企業內部郵件服務器在收信時，先查詢這些垃圾信IP黑名單資料庫，如果寄信人發信服務器IP存在黑名單資料庫，這封信就完全不會收下來。這個做法快速有效，只要持續去引用這些黑名單資料庫就可以從源頭擋下大量垃圾信，而負責提供黑名單資料庫業者也有收入來源得以能持續收集黑名單。

但即使作為品牌業者，只發送電子報到訂閱戶，也難保在某些狀況下被加入發信IP黑名單資料庫，若想查詢發信服務器IP是否在黑名單資料庫，可透過以下網址查詢：

https://www.dnsbl.info/

https://mxtoolbox.com/（選取blacklist）

三、解除郵件發送IP黑名單

私有雲電子報系統若發現開啟率大幅降低、退信劇增，就應該懷疑發送IP是否被列入黑名單。可以進入上述的IP

黑名單資料庫查詢，若不幸被列為黑名單，該資料庫中很可能還會保存被列入黑名單郵件發送內容，這些來源可能是黑名單系統捕捉到，也有可能是使用者檢舉的，黑名單資料庫會留下證據。

（一）黑名單解除機制

被列入IP黑名單可以提出解除（de-list），查詢被哪個組織列為黑名單，可依照該網站說明要求提出解除黑名單IP。必須是這網域擁有者才能提出解除，會有一些驗證過程，確認網域擁有權以及未來遵守網路郵件反垃圾信規則，並且實際進行某些修正，才有可能從發送黑名單中被移除。但由於發送垃圾信業者也會提出要解除黑名單，因此黑名單資料庫對解除條件越趨嚴格，甚至有些已經不接受解除黑名單要求，而是採用動態自動解除方式。亦即若被列入IP黑名單，在未來某段時間內並沒有偵測到發送垃圾信，就自動解開該IP。

（二）改變行為才是根本

由於解除IP與網域黑名單流程相當長且不一定能順利解除，許多企業乾脆不要這IP或網域，改用新IP／網域發送。《沛盛資訊》就曾經遇到知名企業客戶，改不同IP發送，但才在極短時間內，又再度被封鎖IP。也有企業客戶採用許多個不同網域當寄件人，也同樣都被列入黑名單。

因為不論IP／網域被列入黑名單，能不能被解除的前提，都是已經不再發送被認定為垃圾信行為。若持續發送垃圾信，而非正當行銷電子報，更換發送IP／網域都是短

暫，很快又會被封鎖。唯有回歸本書所介紹正當發送電子報方法，提供收信人想要內容，才是企業行銷長久之道。

第十二章
發送成功、失敗、開啟、點擊四大指標

　　電子報發送後主要有四大數據追蹤指標，亦即發送成功、發送失敗、信件開啟、內文連結點擊，這四大指標可以判斷一個電子報發送任務有無達到行銷目標，並根據不同方式數據分析，可以進階產生許多細節報表。這四項指標發信成功跟失敗（退信）都跟郵件名單有效性有關，電子報名單需經常維護，刪掉都沒開信或已經多次退信名單，特別是企業網域郵件地址，會因人員離職異動而改變，更須勤於維護。電子報開啟則是評斷郵件行銷是否成功重要指標，開啟率當然是越高越好，但隨著隱私權看重，蘋果手機於iOS15導入隱私保護，等於會自動開啟郵件，因此反而點擊率才是真實收信人行為。

第一節　提高發送成功率

　　每個電子郵件地址都代表背後一個潛在或可持續購買客戶，電子報發送數量越大，就越多人看到促銷方案也帶來

越大業績，因此電子報成功發送總數，就是該次行銷任務首要關注數據。電子報發送名單，正式發送成功總數會先扣掉無效名單，這是查無該網域或是郵件地址格式錯誤，剩餘名單才會送入郵件發信機對外發出。發送之後有部分郵件會退信，要再扣掉這些退信，才是真正發送成功電子報數量。

電子報系統計費是不計入網域錯誤或地址錯誤，這在發送前就刪除，但是退信會列入計費，因為已經實際進行發信動作。郵件地址錯誤像在郵局寄信時，郵局就不收件因此不計費；而退信就像郵差已經實際去送信，才發現查無此人，因此照樣要收費。

一、刪除無效郵件地址

雖然無效郵件地址電子報系統並不收發送費，但郵件名單資料庫需持續維護，明顯錯誤地址應該要刪除，否則一直認為有十萬筆郵件地址名單，但實際上只有五萬筆正確名單，對行銷成效評估會產生錯誤。郵件地址有兩種錯誤，一種是格式錯誤，另一種是內容錯誤。

（一）格式錯誤

將 john@gmail.com 寫成「john@ gmail.com」，其中出現空白，這就是明顯地址格式錯誤。通常是使用者在填寫郵件地址時錯誤，而填寫系統沒有格式檢查就存到資料庫。或是使用者手寫郵件地址，抄寫到資料庫時出錯。這種錯誤人眼不一定容易判斷，特別是名單數量龐大，可透過發

送一次電子報，好的電子報系統會自動生成無效名單詳細列表，再將這些格式錯誤郵件從資料庫中刪除。

（二）內容錯誤

將 john@gmail.com 寫成「john@gmai.com」，應為gmail但只寫成gmai（缺少字母L），這就屬於內容錯誤。有可能來自使用者輸入錯誤，也有可能是使用者故意寫錯。使用者故意寫錯原因並不少見，因為許多行銷活動要求一定要輸入個資包含郵件地址，以便獲得贈品。使用者未來也不想收到這促銷郵件，就故意填寫錯誤郵件地址。

這種看起來應該是不小心寫錯郵件地址，電子報系統可以依照常見郵件信箱自動做矯正，但近年來注重個人隱私，特別是金融機構與歐盟GDPR規範，電子報系統不能自動矯正，因為收件人本來就不想收到，自動矯正後反而收到，甚至是另一位不相關人收到，已違反了非主動訂閱卻收到郵件相關隱私法規。

（三）兩段式驗證

避免這些無意或有意郵件地址錯誤，正確做法是採用雙重驗證（Double Opt-in）。在線上填完郵件地址後，系統會自動發出驗證信，需再到該郵件信箱點擊確認，這郵件地址才會存到資料庫。雙重驗證能有效確保該郵件地址為本人所有，且是真實有效能登入有在使用。

二、刪除退信

　　要提升發信成功率，也要降低發送失敗退信數。退信名單區分為兩種，一種是自己所擁有電子報郵件名單發送後所產生退信，另一種是由電子報業者經由眾多廠商發送所產生退信名單大數據。

（一）自有名單退信

　　第一種狀況退信名單是來自每次電子報任務發送，不可避免會有退信，例如員工離職郵件地址被關閉。發信完之後會有詳細退信報表包含每則退信郵件地址，可以從這報表查看詳細退信原因，如果郵件地址已經連續許多次寄信都被退信，可以合理推定這信箱已經無效，需要定時清理這種退信資料庫，可降低退信數，進而提升發信成功率。

　　電子報名單是動態收集過程，每月會新增許多名單，同樣也會有部分郵件信箱變成無效，應每月查看電子報發送退信報表，持續性刪除確認無效名單。

（二）大數據分析已知退信

　　《沛盛資訊》所提供電子報發送系統依照雲端客戶發送名單，彙整共同會出現退信名單，形成退信大數據。由於A品牌廠商所發電子報名單，其中某個郵件信箱已確定發送多次都屬於退信，若B品牌廠商同樣有這郵件地址，不需發送就能事先知道一定會退信，因此每個電子報任務發送前，可選擇是否比對此退信大數據，不發送給已知退信資料庫內名單。

此一退信大數據是時時刻刻動態改變，依照每天不同品牌客戶發送電子報狀態，持續調整退信大數據。此一資料庫中郵件地址加入與刪除有多種演算法判定，以確認為真實不存在郵件地址，例如郵件地址進入此退信大數據庫六個月，會再驗證是否持續為退信，若又可以發送成功，則從退信資料庫中刪除。

三、為何收不到郵件？

不論是發送大量電子報，或是透過API發送通知信，經常遇到狀況就是收件人沒有收到郵件。若是寄到個人信箱（Gmail、Yahoo）較容易處理，通常先檢查是否在垃圾信匣，但若是寄到企業收件人，狀況就比較複雜。

（一）確認收件服務器已收取

不論大量電子報或是單筆API通知信，郵件傳送都是透過SMTP通訊協定，寄件服務器成功寄送郵件，會收到收件服務器給予確認通知。這些傳輸過程都有紀錄可供查詢，可以從「寄件成功報表」中查看，該筆電子郵件是否在成功寄送資料中。若從報表中無法判斷，可請郵件發送廠商提供SMTP發送過程log以資驗證。

在確認發送成功、失敗之後，再進行以下其它可能性因素檢查。

（二）寄件人發到自己公司被拒收

企業透過電子報系統發信通常都會寄送公司內部相關人員進行確認，此時常見被公司郵件服務器拒收而發送失敗，這是因為公司內部郵件服務器擋信，不接收外來郵件卻是公司所屬網域。

以公司網域為example.com而言，公司網域郵件都透過公司內部郵件服務器發出。但若由電子報系統發信，寄信人為edm@example.com，發送到公司內部員工地址john.doe@example.com。公司郵件服務器會阻擋這封郵件，因為外部發到公司內部信箱，不應該有來自公司的網域作為寄件人。

解決方法必須先將該公司網域設定DNS，加入SPF／DKIM／DMARC，並請網管將郵件服務器中電子報寄件人設為白名單，讓內部員工可以收到這寄件人郵件。

（三）收件端垃圾信匣或程式阻擋

發送給Gmail、Yahoo等信箱，若郵件發送成功但沒收到郵件，去查看垃圾信匣很可能就會找到。

但若是發送到公司網域郵箱，在確認該封郵件已經成功發送後，由於企業內部因為資安因素，可能安裝各種防毒、防木馬、垃圾信偵測等，這些程式會在郵件服務器收件後，攔截郵件不傳送到收件人信箱（Outlook）。這些過濾系統可能會發出系統通知信給收件人，但這通知信又有可能被Outlook放入垃圾信匣，讓收件人未收到。

▲垃圾廣告信郵件隔離報告書。

（四）網頁式企業郵箱

　　若使用網頁式企業郵件服務系統，如Office 365、Google Workspace（G Suite）、騰訊企業郵箱等，除了將寄件人設為白名單之外，若仍無法接收，請聯繫這些提供單位技術服務部門，排除拒絕接收自己網域從外部發送進入問題。

　　由上述說明可見，企業郵件地址由於資安原因，會阻擋從外部郵件系統寄出，但寄件人卻是公司網域。這過程需要企業IT部門共同協助，逐步檢查被哪個環節阻擋。而最簡單驗證電子報是否有發送成功，就是在發送名單中加入Gmail，若在Gmail可以收到但公司郵件地址無法收到，至少證明電子報系統寄送正確無誤，再來解決公司內無法收到郵件問題。

第二節　發信失敗（退信）分析

電子報發送成功與否是由收信服務器決定，由於垃圾郵件以及詐騙、病毒郵件數量龐大，收信服務器會持續調整是否接收郵件演算法，若不同意接收則拒收形成退信。電子報退信報表需經常性分析，若確認某郵件地址持續性退信則應刪除，若發現退信率突然飆高，則要檢查發送IP是否被列為發信黑名單。

一、退信種類

郵件退信分為絕對退信（Hard Bounce）、軟性退信（Soft Bounce）。

1. 絕對退信：這是永久退信，代表這封信都無法被收信服務器接收，或收信服務器拒收，例如該郵件帳號停用，寄信網域／IP位於網域／IP黑名單中，都會導致絕對退信。

2. 軟性退信：這是暫時性退信，例如收信者信箱已滿，可能過一段時間之後再重新寄送，又可以收下郵件。有些收信服務器先收下任何寄送給它的郵件，但內部過濾後又將郵件退回。這也是種資安系統防禦，以及防制垃圾信大量寄送措施。

在正常網路資訊交換下，如果產生錯誤，通常會利用錯誤碼方式來告知資料傳送方未來無法傳遞成功。郵件發送亦然，在郵件協定中也訂有退信代碼可以追查錯誤原因。

郵件退信中若為絕對退信通常在寄送當下就立刻被退信，收信服務器可能提供退信代碼，也可能完全不提供。這是因為過去有許多垃圾信發送業者，透過假造信箱去發送，收信服務器收到這封郵件後，如果回覆退信該網域沒有這郵件地址，就等於給垃圾信業者驗證這個郵件地址錯誤，因此越來越多郵件服務器不明確回覆退信代碼，避免反而讓垃圾信業者有機可乘。

《沛盛資訊》於電子報產業十餘年產業經驗非常豐富，在錯誤代碼彙整上累積了龐大經驗，許多其他郵件發送廠商無法識別郵件代碼，都能根據經驗法則都能夠正確區分出退信代碼實際含義，而且透過人工智慧機器學習持續更新郵件退信代碼資料庫，這就是為何郵件發送成功率高，所提供退信報表也非常完善。

除非是「絕對退信」因為收信方服務器已明白表示拒收，不會再嘗試重新寄送，否則就會被列為寄件黑名單。若為「軟性退信」仍然有機會重新投遞信件成功，《沛盛資訊》郵件發送引擎，經由多年智慧學習，軟性退信後七十二小時內，會重新嘗試寄送數次，若重新投遞期滿或重試次數任一條件符合，才停止繼續寄送。

二、退信過程

退信原因可細分為近數十種，詳細準確退信分析可以準確判定退信原因，發信系統才知道如何準確因應發信。

在發信過程會有不同的退信原因，使用test@sample.com為收件者範例，解說如下：

1. 嘗試連線至 sample.com郵件服務器，若服務器不存在則為退信。
2. 連線至sample.com郵件服務器，但是即刻被對方中斷拒收則可能為退信，系統會依退回狀況決定是否繼續嘗試或是退回。
3. 在後續的SMTP連線過程中，郵件接收方會依IP、寄件主機設定、寄件人、收件人、主旨、內容等等條件判定而拒絕收信，系統會依狀況繼續嘗試或是即刻退回。
4. 如果最後郵件接收方返回SMTP成功，就視為發信成功。
5. 以上過程無論最終結果如何，發信系統均會將郵件接收方的SMTP返回碼，及返回訊息完整記錄。

即使首次發送成功，接收方郵件仍可依它們內部篩選再退回郵件（soft bounce），這依舊是退信，但與完全無法被收信服務器接收會有不同退信代碼。由於郵件資安系統不斷演進，為確保發送成功率，電子報系統會定時更新程式碼

及退信分析碼，以確保郵件不會被誤判而退回。

第三節　提升開啟率

　　檢視電子報行銷有無成效，首先就是開啟率，郵件沒被開啟，想要傳遞訊息卻無人知道，行銷全部努力過程幾乎白費。開啟率計算是把開啟郵件數除以成功發送郵件數。成功發送100封電子報，15封開啟，開啟率為15%。

　　決定一封郵件要不要打開，總共有四個要素，分別是寄件人，收信主旨，預覽文字，以及收信時間。此時郵件只是在收信匣還沒打開，內容還沒被看到，但內容不能充滿促銷垃圾性質，避免因為內容被判定為垃圾信直接送進垃圾信匣，那就根本沒有機會被打開。

一、決定開啟率四大因素

（一）寄件人

　　因為垃圾信氾濫，收件人都有警惕心，必須是收件人認識之寄件人，才有機會打開。因此，歐盟GDPR要求必須收件人主動訂閱才能發送電子報，也的確有意義，因為收信人不認識寄件者，也不會開啟，也就失去用電子報行銷意義。

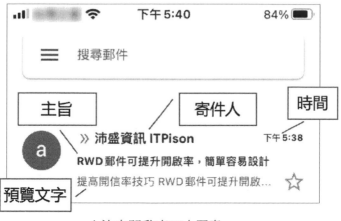

▲決定開啟率四大因素。

（二）主旨

主旨是多數電子報行銷小編主要注重內容，但卻只是影響開啟率四大因素之一，主旨設計吸引讓人想看內容當然對開啟率有幫助，也切莫忽視其它三個因素影響。請參考本書第七章 第三節，解釋該如何設定吸引人開啟主旨。

（三）預覽文字

手機讀信程式在主旨下方會顯示預覽文字，電腦版Outlook依照版本差異可能不一定顯示。開信前想先知道郵件內容，除了主旨外就是預覽文字了，因此同樣應該發揮文案能力寫出吸引人開啟郵件文字。

（四）收信時間

根據B2C或B2B郵件，收信人會有特定熱門開信時間，電子報若在這段時間內送達，當收信人打開郵件程式時，該郵件就正好在最上方，提高開信機會。

二、產業間開信率

　　究竟電子報發送任務時怎樣的開啟率是好或是壞，產業界平均開啟率究竟是如何，這是許多發送電子報的小編非常關心的問題。而這沒有標準答案，它跟郵件名單品質好壞與是否有持續優化訂閱名單，退信名單是否刪除和寄件人、主旨、閱覽文字，以及發送時間，這都會影響電子報正常開啟率。

　　以產業界共通法則普通電子報任務，10%到30%是正常開啟率，如果低於10%就要想辦法改善；如果低於5%，可能是名單有嚴重問題或是電子報系統並沒有成功送達郵件。

　　每次發電子報，都至少要有正常開啟率出現，如果低於正常開啟率很多，就代表名單來源有問題，或是這份名單已經太久沒有維護，裡面都是過時名單。許多企業都是使用前人持續流傳的電子報名單，該份名單如何而來已不可考，甚至有些已經完全不存在的域名，如PChome從2021年七月起已經停止提供電子郵件信箱，名單內就不該有PChome郵件地址，這些都應該刪除。

　　但正常開啟率也跟發送內容性質有直接關係，如果是通知會員剩餘點數，由於這種開啟率跟會員切身相關，因此開啟率可高達50%以上。就如同實體門市，知名品牌電子報買一送一促銷活動引起極高關注，消費者越會排隊購買產品，放在電子報開啟率就高。然而同樣寄件人，如果只是發送一般宣傳電子報，可能又會回到十幾%。當然越知名品牌，每次推出活動，都會吸引越多人關注，開啟率也會越高，但並

不一定需要是非常知名品牌，只要電子報是對收信人有用的資訊，實惠活動宣傳，而不是轟炸收信人的各種折扣促銷，長期培養收信人願意閱讀郵件內容，這樣開啟率就會逐漸提升。

三、依互動挑選名單

　　電子報發送切忌每次都發給所有客戶，要針對不同客戶屬性進行名單分類，分眾行銷做法，將客戶名單做不同分類標籤。

　　除此之外，電子報系統可協助提供挑選互動性高收件者名單，發送時挑選刪除過去某段時間完全沒有開啟或點擊收件者名單，這些客戶互動性低，即使發送給他們轉換業績可能性也低。排除互動性低客戶，雖然表面上看起來發送成功總數變少，但剩下收信者都是對品牌忠實客戶，只要有發促銷通知，互動高收件者都會在第一時間打開，因此行銷目標應該首先針對他們進行設計。

　　對互動性低的客戶，可以每隔一段時間，例如每季一次，專門設計給這些客戶願意再度開啟郵件內容，像是提供超級優惠，而且只專門發給這一群人，喚醒沈睡不互動名單，讓他們願意重新開啟電子報。若還是都沒有打開，代表此郵件帳號可能已經完全沒有在使用，可以考慮刪除。

四、未開啟重送提升開信率

　　每個人工作生活都非常忙碌，即使發信人所發的郵件，確實是收信人非常想要看到的訊息，但就像平常朋友互相發送訊息，都可能錯失沒有看到，更不要說廠商發出來的電子報，也有可能收信人想看但沒有打開。

　　如果收信後沒有打開這封郵件，除了對內容沒興趣之外，也可能是完全漏掉了這封郵件，可能開郵件信箱時正準備要開信就被Line訊息所分心；又或是新郵件數較多，就忽略了較早之前所寄送的郵件。這些都是導致寄信成功但沒有開信可能狀況，並不是使用者收信人對你電子報不感興趣，而是真漏掉了郵件。

　　《沛盛資訊》電子報發送系統具有未開啟自動重送這一個貼心功能，可以在第一封電子報發送之後，自動設計在往後多少小時之內，重複發送多少次郵件。常見做法是在發送後24小時，重新再發送一次，之後隔24小時，再發送一次。而且這一些發送對象都是未開啟郵件人，凡是已開啟郵件不會再收到第二封郵件，也避免客戶收信人覺得重複收到好幾封郵件。以24小時之內發送第二次，收信人並不會覺得奇怪，這個方法是一個很好的提醒，讓客戶想起他錯失了上次這一封郵件，也許當下正在忙某些事情沒有打開來看，就有了再一次重新打開機會，提升開啟率，也等於提升了業績可能性。

第四節　提升點擊率

一、圖文並茂郵件內容

　　一封好郵件應該圖文並茂，不僅可以降低被判定為垃圾信機率，更符合視覺閱讀傾向。郵件圖片比文字更重要，因為人是視覺性動物，特別是用手機看郵件，會先被圖片吸引住，再看內文。又為了讓手機閱讀能看清楚圖片，郵件所用圖片不宜太多細節，文字也應該清楚可閱讀，正式發送前務必先做過在手機上閱讀測試。

　　同樣一個題目，不同人寫文案，有人可以引人入勝，有的卻讓人昏昏欲睡。郵件文案內容，雖然不用像作文比賽，但是畢竟好文案會提升行銷效果，吸引收信人點擊查看。學習如何撰寫吸引人的文案，不僅在郵件行銷內可以用到，在網頁設計，臉書廣告貼文撰寫，部落格等到處都會用到。

二、良好格式郵件內文

　　收信人願意打開郵件，代表你是他信任品牌寄信來源，郵件主旨也是有興趣，但如果打開之後閱讀困難，很快就會關掉郵件，根本不會點擊郵件內容，成為一封無效電子報。以B2C消費性產品電子報，收信人幾乎都是在手機上開啟，因此在電子報設計一定要注意必須要符合RWD郵件形式，

在測試郵件時候也一定要使用手機去做測試，並確認可以在手機上點擊。

即使並非RWD郵件，也要注意規劃郵件內文格式，避免手機不適用設計（如影像地圖image map），能減低在不同手機郵件程式相容，以及無法在手機點擊問題。

第五節　統計報表

一、開啟報表

（一）郵件如何計算開啟

電子報或電子帳單郵件追蹤開啟方式，是透過在郵件內加入一個看不見透明圖片，長寬尺寸都是一個像素（pixel）。這是在郵件發送時，電子報發送系統在後台自動加入。由於郵件本身就如同網頁是使用HTML語言編輯，收信人打開郵件也如同在看一個網頁。打開郵件時這個追蹤用圖片就需載入，等同在網頁觀看一張圖片，而這張圖片檔是由網頁服務器所提供。根據網路傳送規則，圖片讀取裝置（手機或電腦）需告訴網頁服務器，所在位置IP、裝置、作業系統等資訊，網頁服器才會推送這張圖片到開信程式供閱讀，不論是透過手機Gmail或電腦Outlook開啟，這過程均相同。

但由於這郵件追蹤圖片是人眼看不見，所以收件者只是看到這封電子報文字跟正常圖片，並不知道背後有這透明追蹤圖片。電子報系統則根據這一追蹤圖片被傳送出去，當作這一封郵件已經被開啟，並且以傳送時間記錄為開啟時間。上述方式是所有電子報系統追蹤郵件是否開啟技術，不論國內或國外電子報業者，全都是用完全相同技術去追蹤。

（二）開啟次數與人數

電子報開啟之後有區分為「開啟次數」與「開啟人數」。開啟次數代表同一個人重複開這封郵件，可能對裡面內容很感興趣，第一次閱讀之後，又再度打開郵件閱讀。每次開啟都是透過上述郵件追蹤方式，會記錄開啟時間、IP位址等。開啟次數可以視為對這封郵件感興趣程度，郵件並無法追蹤收信者停留閱讀郵件時間長短，不像在網頁上可以透過GA進行追蹤停留時間。

開啟人數是代表有多少人打開這封郵件，把開啟人數除以郵件發送成功總數，就是開啟率，這是行銷人員最關注數字，也是傳統上衡量一個電子報發送任務是否成功依據。熟練電子報行銷人員，依據所發出去電子報開啟率，就可以估算這次行銷活動即將帶進來業績總數。

（三）開信細節報表

許多電子報系統只提供開啟總數，而沒有提供詳細到每一個郵件地址的完整開啟細節。《沛盛資訊》電子報系統的「開啟細節報表」提供完整到每個郵件開啟狀況，可以看出哪個郵件地址在哪一個時間，使用何種裝置（電腦、手機品

牌型號）去開啟這封電子報。開啟細節報表的資料來源，這是我們前述郵件開啟時，讀信程式會需要提供時間、IP，地理位置，使用裝置等，可以很詳細了解郵件地址如何開啟電子報

（四）Apple iOS 15會自動開啟郵件

但隨著個人隱私越來被看重，蘋果手機從iOS 15開始，為了保護使用者隱私，凡使用蘋果內建郵件App（就稱為「郵件／Mail」），不管是電子報或是信用卡帳單，抑或個人郵件，都會存到蘋果所提供郵件代理暫存服務器，且自動讀取郵件內所有圖片，依照郵件追蹤系統埋入透明圖片原理，此舉等於打開這封郵件。這對開啟率統計就造成誤差，因為這類型蘋果手機郵件開啟，是自動而非真人開啟，即便仍然有開啟追蹤數據，但在行銷統計上沒有意義。

（五）Gmail及Yahoo Mail開信統計

Gmail其實早在2010年，就導入圖片代理暫存服務器（Image Proxy），郵件開啟時的追蹤，不會真正看到使用哪一款手機、IP、地理位置，而只會看到開啟時間，以及Gmail位於美國加州（或全球其它位址）的郵件圖片暫存服務器。Yahoo郵件的狀況也相同，台灣所使用圖片暫存服務器也不位於台灣。所以即使收信人是在台灣，Gmail／Yahoo郵件都會看到開啟位置不在台灣。

Gmail跟Yahoo Mail除了透過圖片暫存服務器之外，它所提供的開啟資訊細節，例如開啟裝置，會使動態產生不同組合開啟細節（Android／Apple iOS／Windows不

同版本與手機型號），可能看到來自蘋果手機，或是來自Windows作業系統，但這都不是真實開啟。

（六）開啟率逐漸失真，點擊率才真實

使用蘋果手機以及蘋果郵件程式，從iOS 15在2021年9月正式推出後，開啟率並不是真正人為開信而是蘋果服務器自動開啟。

Yahoo跟Gmail，其實已經具備與蘋果手機相同技術，差別只是在於什麼時候跟進蘋果做法，自動開啟所有的郵件。因此郵件開啟率這統計方式，在個人隱私逐步受重視，原本的追蹤方法已經變成逐步失效，而且也沒有其他可以替代的做法去追蹤開啟。開啟率的統計，雖然過去是行銷部門看重的主要數據，但未來逐漸轉移到點擊率，因為這才會是真實人為動作，是真正對這個行銷活動有興趣才點擊。

二、點擊報表

（一）點擊統計如何計算

點擊率的追蹤方法與開啟率不同，當收信人打開電子郵件，點擊其中連結，這個連結會先進入電子報系統的後台，統計這封郵件地址的連結被點擊，做完點擊數計算，才會將使用者真正重新導引到原本預計要去網頁。

整個追蹤過程對使用者是不會有感覺，但詳細去看點擊的網址連結，以及最後去的網址，還是可以看得出其中的差別。真實點擊目標網址即使顯示是個簡短網站，但若複製這

網址點擊內容，可以看出其實帶了很複雜網址，這就是追蹤用網址。

點擊追蹤範例

‧目的網址：https://www.youtube.com

‧電子報中點擊連結：

https://crm3.itpison.com/HL/35ef740f/4339a⋯⋯..

（二）有點擊但沒有開啟

有些電子報報表看起來很不合理，某個郵件地址有點擊但是並沒有開啟紀錄，因為正常使用行為是先打開郵件才可能點擊連結，不該會有點擊卻沒有開啟。

在前面解釋了電子報開啟追蹤是透過一個透明極小尺寸圖片，假設收信人並沒有開啟圖片下載，例如在Outlook預設並不會下載圖片，或是在瀏覽器把圖片關閉，這時候追蹤圖片就不會被載入，也就不會追蹤到郵件開啟。但如果收件者有去點擊郵件內連結，就會記錄點擊動作，但沒有開啟行為。因此，在開啟報表中，會將這種例外情形，有點擊沒有開啟，同列為開啟紀錄。

（三）防毒軟體自動連續點擊

點擊報表有時會出現一種異常，某些特定收信人網域（常見為企業郵件信箱）點擊率幾乎達100%，且郵件內文每個連結都有點擊，在報表中呈現幾乎同一時間內連續點擊，且點擊IP均相同。即使收件人是台灣公司，但透過點擊IP反查地理位置，甚至會是國外IP所點擊。

這並非真人閱讀郵件內容點擊，而是由收信服務器安

裝防毒軟體進行內容檢查，自動點擊每個連結確保網址並非詐騙或夾帶病毒下載。防毒軟體會在收信後，自動點擊所有內文連結，並根據前往網址進行風險判定，若為詐騙網址則對該封郵件進行攔阻標示垃圾信或退回（收信後退回，Soft Bounce）。

三、常見報表

除了前面所介紹開啟與點擊報表之外，以下說明其餘電子報常見報表。

（一）發送成功、退信報表

發送成功報表會記載全部成功發送數，這是將發出的電子報全部名單，扣除郵件地址格式錯誤以及重複，之後就會進行正式郵件發送。發送的過程若遇到退信，將發送數再扣掉退信數，這就是發送成功總數。

發送成功數是電子報行銷是否有效關鍵數字，所收集客戶郵件地址名單越多，發送成功數就越多，也就越多人可以看到這一封行銷訊息，可以帶來更多業績。因此企業要持續增加自己所能夠掌握到電子報總數，降低發信失敗退信，讓成功發送的郵件數越多，就能夠與業績帶來正比。

（二）開啟歷程報表

開啟歷程報表代表一封電子報發出之後，收信人在哪些時間點開啟這一封郵件。透過開啟歷程報表，可以查看你的電子報受眾，都主要在哪些時間開啟電子報。例如B2B郵

件，開信集中在早上剛到辦公室的九點多，以及午休過後時間會再有另外一波開啟的高峰，其它上班時間開信則相當平均。B2C多半使用手機開信，雖然許多人會在一整天都查看手機郵件，統計上來說，早上起床很多人習慣會去查看郵件，搭捷運上下班的時間，多半也是在滑手機，下班之後時間也經常在看是否有郵件。因此反而是在上班前、午休時間以及下班後到晚上睡覺前，是B2C開信主要時間。

（三）開啟裝置報表

開啟裝置報表是收信者用哪一種手機、平板、桌上型電腦，包含作業系統版本來開啟這封郵件。這是透過郵件追蹤開啟所埋入1x1像素不透明圖片，開啟時就會提供開啟裝置詳細資料。在行銷上可用來知道收信者係由手機、桌機或平板看郵件，也可知道手機是蘋果或安卓，未來可以針對不同類型裝置做針對性促銷。

但由於Gmail跟Yahoo Mail都是使用圖片暫存處理器服務器，因此都不是真實開啟裝置。蘋果手機如果是iOS 15以上且使用內建郵件App，也不是真實裝置。因此開啟裝置真正有效追蹤，多半為B2B客戶用公司郵件信箱，在開啟裝置報表就會是真實資料。

（四）開啟地理位置報表

開啟地理位置報表，同樣以1x1像素透明追蹤圖片開信，郵件開啟時發信郵件服務器就會記載開啟郵件IP，再透過IP位置反查，就能夠得知地理位置。在行銷上的運用，這可以用它來追蹤是哪個國家或縣市開啟信件。

B2C郵件同樣受限於蘋果iOS 15的自動開信，以及Gmail、Yahoo Mail都不是眞實IP開啟，開啟地理位置就不會正確。B2C使用公司網域郵件地址所呈現地理位置就較爲正確，可以透過開啟地理位置報表，查看出這一個郵件地址開信者是位於哪個國家與地理位置。

（五）取消訂閱報表

電子報發送免不了有取消訂閱，即使當初是主動訂閱也持續收信一陣子，但收信人時空環境改變，仍會想取消訂閱。對於已經沒有意願作爲未來潛在客戶，讓他們選擇離開是好事，也讓電子報名單更聚焦，因此要正面看待取消訂閱客戶。

透過「取消訂閱報表」卽能查看這些取消訂閱郵件地址，若他願意提供原因，可協助改善電子報發送過程。

第三部：
企業應用實務

第十三章
電子帳單金融產業應用

　　整個電子帳單產業稱為Electronic Bill Presentment and Payment（EBPP），包含了帳單生成（Presentment）與付款（Payment）。你所收到的信用卡繳費通知單，就是帳單生成之後透過電子郵件或紙張通知繳費。《沛盛資訊》從行銷電子報為基礎，搭配自建郵件發信機，踏入電子帳單生成與郵件寄送領域，逐步掌握許多金融、證券、保險國內外知名品牌客戶，提供具體務實解決方案。

　　郵件在行銷上用途主要在電子報，這對收信人並非必要性郵件，可以選擇不開信；但郵件在金融業主要發送電子帳單，這就是必須收到且一定會打開郵件。金融業交易相關通知，例如信用卡帳單、股票購買、保險送金單等，透過紙本以郵局寄送已是行之有年既有作業方式，但隨著數位化浪潮以及減少紙本更環保，紙本帳單正快速被取代轉為使用電子帳單。站在金融業立場，紙張帳單成本高昂，印製、寄送、掛號等費用逐年調漲，而透過電子帳單寄送，能全數位處理又能數據追蹤，且透過電子郵件寄發比紙張寄送費用便宜非常多。

　　但電子帳單郵件發送門檻比行銷電子報高許多，畢竟在

法規上對電子帳單寄送有明確規定，對金融業內建與委外發送電子帳單都有個資與資安上高門檻要求。

第一節　金融業電子帳單法規

　　金融業考量電子帳單發送，不論是企業內部自建系統或委外發送，最重要就是法規適法性，必須要在完全符合法規前提下進行規劃。電子帳單發送與紙本帳單發送在資訊處理上所需遵循法規相同，只是在送達收件人媒介不同，電子帳單則需要在發送端管控資訊安全。因此，電子帳單發送所需遵循法規為內控制度規章，分別於「金融控股公司及銀行業內部控制制度」、「證券商內部控制制度標準規範」以及其它金融產業內控法規。

一、電子帳單法規

　　透過電子郵件發帳單已經是產業界明顯趨勢，在法規上規範電子帳單的發送，主要是由傳統紙本帳單的差異延伸而來。帳單通知仍然以紙本為基礎，但在取得客戶同意之後，得以使用電子帳單作為延伸。紙張帳單若非以掛號信寄送，仍有可能未收到信件，電子帳單法規會要求確保客戶確實有收到通知。此外，電子帳單資訊安全保護也是法規另一大重

點，這部分除了傳統銀行資安防護之外，會特別注重在發送過程安全性，並不得將機密敏感個資透過國外網路發送帳單，電子帳單寄送必須透過位於國內機房，但不必然是要在寄送帳單之金融公司內部機房。

（一）取得同意

電子帳單被廣為接受是2010年後，智慧型手機普以及節能減碳觀念升起後，但是金融業的客戶有很多都是開戶許多年，過去他們都是透過紙本帳單取得通知，因此要改用紙本帳單成為電子帳單，首要條件就是要取得這些客戶的同意。這是由紙本轉換為電子帳單的第一個門檻，金融業做法這是提供各式各樣的誘因，例如禮卷、減免費用、贈送點數等等，吸引客戶同意使用電子帳單。

（二）確保送達

紙本帳單是金融業帳戶通知基礎作法，電子帳單主要是將紙張帳單改為電子郵件寄送，在法規上會要求，必須要確保電子帳單正確送達客戶，如果電子帳單退信，必須改用紙本帳單重新寄出。這是由於電子郵件寄送畢竟透過網路，有許多網路傳送不確定性，為了保障金融業客戶權益，若電子郵件無法寄送成功而退信，就必須改用紙本帳單重新寄送。

（三）資訊安全保護

電子帳單相比紙本帳單多增加資訊安全考量，畢竟透過網路傳輸必須留意資訊被竊取。帳單本身包含許多個資，且都是屬於機密敏感金融個資，這部分法規上會要求以符合電子簽章功能電子郵件方式寄送，並採用郵件常見加簽加密方

式，確保資訊傳送安全無虞。資訊安全法規通常包含三部分要求，

1. 發送端：必須保留有完整的發送紀錄，以便事後可以追查；發送系統也必須等同銀行資訊系統，須有緊急應變與災害復原機制。

2. 傳送：發送過程必須確保機密資料，在傳輸過程安全進行。產業做法是透過發送時加入DKIM、TLS加密進行，或再加入郵件憑證。

3. 接收：收信時非本人無法打開郵件內機密資料。產業作法是將帳單置於附件PDF並採加密處理。

二、電子帳單可委外發送

許多金融業者在考量電子帳單發送時，都以為電子帳單系統必須完全在公司內部安裝與郵件發送，才能夠符合金融法規。但其實在法規上並沒有做此規範，法規是對帳單寄送作業，需有相對應資訊安全與稽核紀錄。

因為電子帳單發送並非金融業核心業務，這是通知客戶行為，是屬於金融本業附屬功能，法規主要在內控與資安管理，並未要求一定要在公司內部建立電子帳單發送系統，因為紙張帳單也沒有任何法規，要求帳單寄送必須全部由金融業公司內負責。電子帳單是紙張帳單延伸，因此在法規上並不會要求金融業公司內部處理與發送，而著重在規範資訊安全與個資要求。

以紙本帳單而言，帳單印製早就委外處理，因為紙本帳單數據資料本身就是數位化，只是委外給專業帳單印製公司印出紙本，再交由郵局寄送，甚至郵局也能承接了紙張帳單外包印製以及寄送業務。電子帳單的委外發送，就是把原本委外印製紙本帳單，交給專業電子郵件發送公司進行，能夠自動生成整張電子帳單，也能透過郵件系統發送給收信人，等於是取代了紙本帳單印製以及郵局寄送這兩道程序。

第二節　金融業郵件系統要求

絕大多數提供大量發送郵件都是電子報業者，但他們無法承接電子帳單發送，因為電子報與電子帳單之間巨大差異，就在於電子帳單每封都是個人化內容，而電子報主要是相同內容大量發給所有人。因此，金融業者選擇電子帳單系統，必須挑選技術上能夠生產出每封內容不同電子帳單，以及能在限定時間內快速送達。

《沛盛資訊》已經承接許多金融業者委托發送電子帳單，包含大型知名金融集團，以及人壽保險、產險、中小型證券等領域，所提供方案完全符合主管機關的法規要求，以自行開發電子帳單系統與郵件發送引擎，高速生成與發送電子帳單。

一、產業經驗

　　不同規模金融業者對電子帳單需求差異極大，大型銀行發行多種信用卡，每個月都需要寄送總計數百萬封電子帳單，但對小型證券業者，每個月寄送可能只有幾百張對帳單。雖然這兩種帳單大小規模差異極大，但在法規上要求卻是同等規格。因此必須依金融業者需求，支持大規模電子帳單生成與寄送，或小型金融業者帳單，挑選適用電子帳單架構。

（一）信用卡發行銀行

　　發行信用卡之銀行每月均須寄出帳單，透過多年提供紙本轉電子帳單獎勵，已有相當大比例消費者轉用電子帳單，但也讓原有電子帳單系統若非能針對大量帳單處理，便需汰換或更改電子帳單處理架構。

　　選擇重點在於帳單高速生成與電子帳單發送，常見瓶頸會卡在發送。因為電子報業者雖然也能承接大量郵件發送，但是多半是透過轉接國外廠商，例如MailGun.com。由於資料已經傳送到國外，對於沒有敏感資料電子報尚可接受，但是電子帳單有許多機密敏感個資，法規上不允許透過國外網路做發送，必須挑選能夠在台灣本地機房發出電子帳單，且能短時間之內大量發送，可選擇業者數量極為有限，《沛盛資訊》是國內極少數能提供大型發卡銀行電子帳單處理廠商。

（二）證券業

依法規證券業每日須寄出客戶交易有價證券對帳單，採用電子帳單寄送包含通知郵件本文以及PDF加密交易資料。資安要求須等同於銀行寄出信用卡對帳單，為機密敏感個資。許多證券業電子帳單系統，為統包交給負責建置證券業交易金融系統廠商，專門提供券商相關業務資訊系統方案。這類型整合式券商交易處理平台，強項在證券交易，但若需求電子帳單客戶數大量增加就無法應付。

可挑選擁有證券業建置經驗之電子帳單專屬系統，驗證幾項證券業獨特需求，例如五千萬大戶讀取回條、交易數量多，超大PDF檔案分頁、樣版版本控制等，並針對電子帳單發送加密、加簽、憑證、重發、開啟點擊追蹤、寄送留存紀錄等，這些都是屬於在實際建置證券業電子帳單系統，才能遇到需克服解決問題，非整合型券商交易平台所能處理。在產業運作上，整合型券商交易平台也經常與專業電子帳單系統廠商進行合作，畢竟彼此術業有專攻，共同解決券商電子帳單生成與寄送。

（三）保險業

保險業者所需寄送的電子帳單種類，包含保險繳費通知、送金單等等，這類型通知不若證券業每日交易即時性極高，且需天天發送完畢不得延誤。證券業或信用卡會有每月對帳單寄送給客戶，作業為重複在固定日期（依假日遞延），但保險業之保險費繳款日期，遍佈在每個月不同日期，需提前在事先設定繳款日期前寄出，因此每日都會有批

次電子帳單寄出。

如前所述由於保險業電子帳單系統，並不若證券、銀行具有即時性或特定密集時間需大量送出，對於帳單系統承載壓力較小，但由於帳單內容為機密敏感資料，採用委外專業電子帳單廠商代為寄送，透過混合雲方式，會是保險業最佳解決方案。

（四）小型金融業者

小型金融業者不論是區域性銀行、小型券商與保險業等，挑選電子帳單系統又更困難，由於能負擔系統建置金額較低，但法規對電子帳單要求與大型金融業者相同。可以將帳單生成與發送分開處理，由於帳單數量較少在生成上困難度不高，帳單郵件發送則挑選在國內發送，並且熟悉金融產業符合法規電子帳單發送業者協助。在系統架構上，在公司內自建帳單系統牽涉到軟硬體與後續維護，費用高效益低，建議採用委外混合雲方式，按照發送數量每月月結，不僅完全符合法規，而且費用低上線快。

《沛盛資訊》開發出專利文件處理技術，此一新型專利，源自於生成電子報做個人化動態媒合之用，本身為一套具體而微的程式語言，可以在HTML中針對不同郵件收信人獨特資料（如信用卡帳單），加入邏輯（and／or）以及數學（加減乘除）運算，再套入每位收件人都相同郵件外觀格式，即可讓每個人收到的郵件通通都不一樣。

以此專利技術，應用在電子帳單生成，能夠高速根據帳單樣版，生成每封內容各自不同的帳單，實際應用在銀行

與金融機構，已證實替客戶節省下大量以往需要客製樣版時間，深獲客戶滿意，獲得許多銀行、證券業指標龍頭廠商採用。

二、電子帳單生成

（一）專利電子帳單生成技術(Bill Presentment)

電子帳單最大需求來自大型金融集團，由於每個月都需要寄發電子帳單，每次所需要產出帳單都是幾百萬到千萬封，而且帳單內容結構複雜，因此電子帳單必須使用能在短時間內高速產生系統。傳統上電子帳單是使用專用程式產生，每筆帳單資料需執行一次程式，一百萬筆帳單就執行一百萬次。若是帳單數量少還可以應付，但隨著電子帳單普及率快速增加，這種做法所需時間過長逐漸不符合需求。更好的做法是將帳單樣版與資料分開，因為每筆帳單外觀都相同，差別在內容資料不同，因此將帳單樣版與每筆資料內容用媒合方式產生，就能夠快速生成帳單。

（二）帳單樣版

「帳單樣版」就像是所收到信用卡帳單外觀，每個月帳單外觀都相同，差別是帳單金額不同。因此，可以請美工人員事先設計好美觀帳單樣版，不僅是附件打開之PDF帳單樣版，還包含寄送帳單郵件本文也是樣版。一間金融公司所需製作樣版可能有幾十到數百種，這些都可使用HTML製作。

製作個人化帳單樣版設計會利用《沛盛資訊》專利文件處理技術，在HTML內容中加入函數代碼，這是用在「帳單媒合」能快速從資料庫中動態生成帳單檔案。帳單格式若需更換，也無需請工程師重新程式碼編寫，同樣簡單的更換媒合函數位置及HTML代碼，卽能生成一張全新樣式帳單。

由於「帳單樣版」牽涉到發送給客戶帳單所呈現內容，依照金融證券業內稽、內控相關規定，帳單樣版需有版本控制記錄每次更動內容版本不同。在實務應用上，會發生現有使用帳單樣版更新內容有誤，須回復到前一帳單版本發送。或因應查帳或稽核要求，需回溯到一年前或更早版本，檢視該樣版內容是否相關法規與作業程序。

（三）帳單資料

每月內容不同信用卡帳單最重要就是所呈現的帳單細節，包含姓名、刷卡商店、時間、商品、金額……等。這也是銀行最重要的核心個人金融資料。帳單資料通常由銀行內部相關系統，依照所規劃發送項目生成，這多爲系統自動排成產生。由於紙本帳單跟電子帳單所需資料應都相同，金融業帳單資料產生從紙本轉爲電子帳單，所需變更極少。

（四）帳單合成

高速帳單生成系統，與傳統帳單系統採用程式邏輯綁定帳單資料生成，兩者速度差異可高達百倍以上，最大不同就來自帳單合成邏輯差異。高速帳單生成是使用《沛盛資訊》專利技術將「帳單樣版」與「帳單資料」媒合，等於將資料

替換樣版內預先設定欄位，而且以動態媒合技術還包含數學與邏輯運算，例如自動將每筆刷卡金額總計算出。這種方法由於系統生成每筆帳單所需運算極少，因此速度極快，越大規模電子帳單需處理越顯出這方法優越性。

三、電子帳單發送

　　法規上對電子帳單發送，主要考量資訊安全以及必須在國內發出。資訊安全只要給予確定規格，有經驗資訊公司通常都可以達到，但如何能夠高速郵件發送，這就是不同業者技術差異。至於是否一定要在金融業者公司內發出還是委外由專業電子郵件公司進行，在法規上並沒有如此要求。以實務運作而言，委外由專業公司處理由於有專門技術負責，會比內部自建電子郵件發送系統，對資安保護以及維運穩定度更高。

　　此外，電子帳單發送通常是每個月循環發送一次，因此系統必須要具備循環發送功能，且許多時候是固定日期發出（例如每月25日），要是遇到例假日則要順延次一上班日，因此系統需能處理特殊狀況，包含必要時能夠手動發出。

　　對大型金融業者電子帳單發送速度也是重要考量，帳單通常會將收件人區分為不同出帳與發送週期，雖然已經分散在一個月內不同時間發送，但如果系統發送速度不夠快，就會拖累到下一個發送週期帳單。例如原本排定一整晚發送，

結果發完一天還沒結束，但新一天待發郵件又再加入，這就是惡性循環。正確電子帳單軟體系統架構，不僅發送速度快，能確實保護個資且完全符合法規。

四、最佳電子帳單系統架構——混合雲

（一）混合雲發送

一封電子帳單包含郵件內容生成與發送，對資安與個資影響最大是在郵件生成，以信用卡電子帳單為例就是將附件PDF生成且加密。一但最敏感帳單資料已經PDF加密，就已不存在個資外洩可能性，之後就是選擇能高速發送電子郵件系統。

混合雲電子帳單架構就是將帳單系統切成兩部分，敏感帳單資料加密端在金融業內部系統進行，發送則交由專業電子郵件公司進行。這種架構帳單加密與郵件內文生成，所有個資都留存在公司內部，依照資安內控準則運作，不會個資外洩，對金融業是最安全架構。但郵件發送則交由外部專業電子郵件發送業者進行，這是因為郵件發送牽涉到寄件IP、收信服務器擋信邏輯、退信處理、開啟、點擊追蹤，這是一連串複雜系統運作，又不牽涉到帳單資料敏感個資，要由專業郵件發送公司進行，才不會遇到發信IP被當成黑名單無法順利寄送，反而衍生法規疑慮。

（二）個資加密

金融業建置電子帳單系統，最關心就是對個資保護，因

為資訊安全防護首要防備就是個資外洩，而銀行所擁有個資都屬於財務相關機密敏感個資，若產生個資問題會面臨龐大法律責任。而最好個資保護，就是將需傳送機密敏感個資加密，常見做法是將帳單置於郵件附件，開啟需要密碼（多數使用身分證字號）。

《沛盛資訊》所提供電子帳單混合雲，電子帳單附件PDF生成由金融業內部使用專用帳單系統產生，PDF已經加密，之後產信在金融業內部進行，將郵件本文與PDF合併成為郵件，再將郵件透過專用加密通道傳輸到《沛盛資訊》後發送。

這種做法所處理PDF都是已經透過密碼加密，不知道密碼無法被打開，因此即使郵件發送並非在金融業公司內部服務器進行，對於個資依舊能有完整保護。

（三）符合法規

混合雲電子帳單架構在實務運作上完全符合法規要求，舉證券業為例，「CA-11140客戶帳戶之管理作業」以及幾項相關法令，均為要求金融帳單寄送與查對紀錄，以及防止客戶資料被洩露、竊取或竄改，且條文也規定帳單採委外處理者，資安要求比照內部發送等級辦理。混合雲架構即使採用委外處理發送在金融企業之外，但只要在委外時雙方合約條文訂定要求符合資安等級，並定期做資安稽核，混合雲做法完全符合法規。

第三節　電子帳單行銷應用

　　電子帳單除了告知收信人帳單訊息之外，它另外一個重要效用，就是透過通知過程提供廣告增加行銷機會。以紙本帳單而言，從信封本身到帳單明細前後都會加入廣告，甚至還會再額外增加廣告夾頁。這是因為電子帳單是個絕佳行銷機會，收信人一定會打開帳單，可以透過這機會利用廣告額外增加其它產品業績。

一、開啟率超高

　　行銷類電子報對發信人最困擾，就是收信人不願意打開，所以開啟率就是行銷電子報重要指標，開啟率越高業績也就越高。但電子帳單則不然，這種郵件有超高開啟率，即使你上個月並沒有任何刷卡，但是你看到信用卡帳單，還是會打開來確認上面沒有不該增加刷卡金額。

　　所以金融業會利用這超高開信率，搭配行銷廣告，雖然多數廣告是公司其它金融商品，但也有許多異業結盟或點數換購商品等。

　　這些帳單附加廣告也證實有效果，透過郵件系統追蹤廣告點擊，能計算每則廣告個別點擊率，再透過網站上GA追蹤，就能夠算出這則電子帳單廣告成交轉換率。

二、人人不同廣告

　　想要廣告有效果，就得針對性置放廣告。即使是同一個人，每個月刷卡內容都不相同，在電子帳單上面出現廣告也應該不同。廣告技術能透過大數據分析與人工智慧，針對帳單購買選項與金額，搭配出最適合這封電子帳單廣告內容。

　　既然同一個人的廣告都不同，而銀行擁有所有人收信人個資，包含性別、年齡、職業、居住地等，這是行銷人員求之不得個人資料，但銀行佔了先天優勢，已擁有這些資料可以合法運用。因此在廣告上，它可以發揮更多做法，根據收件人獨特個資，放入對方最有可能感興趣廣告內容。

三、帳單轉訂單

　　一張電子帳單原本目的是通知與提醒繳款，在帳單內透過有效廣告，讓收信人看了廣告再去購買產品，這就是「帳單轉訂單」。這做法有效原因就在於電子帳單超高開啟率，只要願意開啟郵件，就能在看帳單時導引到廣告，其中有部分比例會購買。以下介紹幾種帳單轉訂單做法：

（一）廣告輪播

　　由於銀行是非常保守體系，過去金融業在開發帳單系統，主要就是符合法規之下能夠生成正確帳單資料，不會再考量是否需要有行銷功能。但以行銷功能見長廠商如《沛盛資訊》，擁有行銷技術優勢，所開發出電子帳單系統，增加

了帳單轉訂單廣告功能，最主要就是廣告輪播功能。

網頁廣告在網路媒體頁期間已經發展多年，打開任何新聞網頁上面所呈現的廣告，都會根據你閱讀習慣與歷程，動態產生出你最有可能感興趣內容，然而帳單系統包含廣告輪播，放到銀行業反而是獨特嘗試。廣告輪播加入個人化大數據分析，能夠依據帳單內容挑選最適合廣告，呈現每個人都不同內容，達到帳單轉訂單最大效果。

（二）刷卡、繳款通知

信用卡電子帳單並不是一個月只發一次，除了包含刷卡明細正式帳單之外，銀行通常在每次刷卡時都會發出刷卡通知郵件，快到繳費日期發出繳費提醒郵件，付費完成時也會再發出已入帳電子郵件。這都是電子帳單所衍生出通知郵件，當然這些郵件主要目的是提醒，但背後附帶廣告行銷在內。因為這些郵件同樣都是開啟率超高，每封簡單刷卡通知裡，再加入收信人可能感興趣廣告，又開啟了另一個帳單轉訂單機會。

（三）零元帳單

即使你這個月沒有任何刷卡消費，信用卡公司還是會發送零元電子帳單通知，帳單內當然沒有任何應繳金額，不過你依舊會開信確認沒有繳費金額。不只銀行會寄發信用卡零元電子帳單，水電瓦斯、有線電視這類型訂閱制消費，也會每月發送帳單，若該月完全沒有任何金額，同樣會發出零元帳單通知。

零元帳單首要目的當然是通知本月沒有需要繳費，其次

也借助這次通知，推送廣告給收信人。雖是寄出零元帳單看似花費額外成本，但透過廣告只要有很少數人購買產品，不僅不虧本反而可賺錢。也就是這原因，除了每月定期需繳費金融、電信、公用事業之外，電商、旅行業、網域註冊……許多其它業別，也都有發送零元電子帳單。

（四）點數／紅利累積通知

零元帳單雖然是透過電子帳單名義帶入廣告好方法，但品牌企業如果消費者不是經常購買或固定每月需繳費，每月寄送零元帳單似乎有點奇怪，但改成寄送點數累積、點數到期、點數折抵商品目錄等等，就又名正言順了。這類型點數通知信，特別適合有零售據點屬於民生經常性消費企業，例如連鎖咖啡館、超市、餐廳等，消費者會經常性光顧，雖然會下載App使用可用App通知，但透過電子郵件直達信箱，是比App不一定開啟通知更有效用。

第十四章
電子報技術架構與API

第一節　系統高可用性

一、叢集

　　由於《沛盛資訊》客戶群有許多發送到全球，知名品牌企業以及大型電商品牌，因此除了需要具備大量郵件發送能力，同時要確保系統穩定。要部署大量郵件發送，單一主機不僅容易被收件方利用IP封鎖，若系統出問題也會影響發送成果。因此，採用叢集系統架構，可確保大量發送成效，也避免因系統硬體錯誤產生問題。叢集指兩台以上系統同時一起工作，除提高運算效能外還可以互相備援。

　　《沛盛資訊》電子報／電子帳單系統均具備叢集架構，透過叢集架構可提升發信平行處理速度，當任何一台主機或發信機出現問題，其它系統會自動接管所需工作，完全不影響整個系統運作。

二、本地備援與遠端異地備援發送

備援指一台當正式主機運作，而一台在做備援主機，當其中正式主機發生異常時，備援主機可以自動偵測到並自動啟動繼續運作。《沛盛資訊》電子報系統公有雲、專機與混合雲，發送系統均透過多個機房主機對外發送。系統本身具備本地與異地備援，單一機房電腦出現系統故障，同一機房備援主機可自動接手，若屬於整個機房運作問題或對外線路中斷，則啟動異地備援確保正常運作。

另以私有雲架構，郵件送信由客戶機房負責，且系統本身均有本地備援機制，但倘若年節發送量過大，超過機房對外網路系統負荷，可啟動異地備援發送，尚未發送出之電子報，即可自動從客戶本地機房轉往《沛盛資訊》機房發送。

三、高可用性

高可用性（High availability, HA），是代表系統能不間斷執行任務，《沛盛資訊》系統架構具備高可用性能力，透過分散式備援、叢集架構，可以在人為或天然災難事故發生時，整個系統可持續正常運作。

混合雲或私雲客戶，在公司內部電子報系統建立高可用性，最少建置需要兩台機器：一台當主機、一台當備援機。但建議四台以上機器：一台當主機、一台當備援機，另外兩台做資料庫主機叢集架構。

第二節　API介接

API（Application Programming Interface，應用程式介面），工程師習慣用英文簡寫稱呼，是用在不同系統彼此間交換資料所使用。除了最單純雲端電子報系統，完全不需要系統介接，其餘各種規模電子報、電子帳單、混合雲、專機、私雲，均大量運用到系統介接。

以電商電子報系統，若需要發送電商會員註冊、購物訂單通知、密碼變更等郵件，牽涉到電商系統與郵件發送系統，就需要透過API進行串接。大型企業卽使是行銷電子報，由於郵件名單產生需內部不同系統資料庫取出，再透過專業電子報廠商發出，中間資料串接同樣都需使用API介接。

一、API應用

《沛盛資訊》提供豐富多元API介接方案，不論是大型企業發送電子報或是中小型企業使用電商系統，均可使用多種不同類型API進行介接。可串接資料類型，不僅包含電子報發送，亦包含簡訊、Line訊息、推播與社群媒體臉書／IG訊息。

以發送量最大電子報而言，《沛盛資訊》API多年來歷經各種知名大品牌、電商企業實際大量發送，足以證明

系統穩定性，加上100％自主研發發送引擎，絕無透過第三方代為發送，自建自管發信服務器亦讓郵件名單絕對安全保密。所開發出之API包含以下不同種類形式，通用各種語言（HTML、JAVA、C#、VB.NET、PHP），可直接與現有資料庫介接（SQL Server、Oracle、MYSQL、MariaDB、PostgreSQL、DB2），符合產業間各種應用場景使用。

1. HTTPS：以HTTPS 協定透過GET或POST方式呼叫系統服務使用。
2. REST：直觀簡潔方式傳送，相容性佳開發快速。
3. JSON格式：易於閱讀容易理解，撰寫對接程式快速
4. 目錄介接（Proxy）：以目錄介接方式透過代理服務器（proxy）快速串接。
5. SMTP：使用常見發信程式如Outlook寄信之SMTP協定。
6. FTP：以FTP（含SFTP）通訊協定進行系統對接。

二、SMTP介接

　　辦公室上班族所熟悉Outlook郵件程式，背後發信方式就是使用SMTP發送。Outlook所設定SMTP包含收信與發信，通常收發信都是透過公司內部網域郵件服務器進行，真正對外發出郵件，是透過公司內部郵件服務器發送。

　　雖然大多數品牌企業發電子報，都是透過瀏覽器操作雲

端電子報系統，但《沛盛資訊》電子報發信機本身即為使用SMTP通訊協定之郵件服務器，只要在Outlook設定好，即可直接在Outlook發送電子報，完全不改變使用者習慣。

使用SMTP發送場景，廣泛見於各種程式設計發送數量不大郵件，雖然可以使用正規API介接，但需額外研究API文件與串接格式，而使用SMTP是產業公定標準，設定方式簡單快速。例如手機App發送各種通知信，就可直接利用SMTP發出。

另一個將Outlook串到《沛盛資訊》SMTP發送，則來自雲端郵件系統興起，例如使用微軟網路信箱（Microsoft 365），即便是大型企業逐漸也屏棄自行購置郵件服務器（如Exchange服務器）而改用雲端郵箱服務。但Microsoft 365並不允許一次將郵件發送給數量龐大收信者，因此可使用《沛盛資訊》SMTP進行發送。

三、目錄介接

「目錄介接」是《沛盛資訊》獨創系統介接方式，通常應用在大型企業或金融機構透過混合雲方式，將郵件發送名單代為發送。

以行銷類電子報應用，不牽涉到帳單等個資，「目錄介接」僅需將發送名單以及電子報內容HTML與圖片檔，與本次發送任務設定檔（如預約發送時間等資訊），置於企業內部某服務器特定目錄，開通防火牆讓《沛盛資訊》自動系

統可連線進入該服務器取回該目錄內檔案。

（一）省時、省力、建置快速

「目錄介接」最大優點就是無需額外開發程式，系統上線速度非常快。大企業內部系統非常複雜，發送電子報所需郵件名單，可能需要內部不同系統間產出，內部系統串接與外部系統串接，需要工程師額外進行API對接程式開發，而且基於資安考量，需要經過多重審核才能進行，若牽涉到跨國公司運作，還要回國外總公司核可。但透過「目錄介接」就不需要撰寫複雜對接程式，因為所有電腦系統都有辦法把檔案寫入目錄資料夾，不需額外工程師系統開發，能快速開始上線使用。

（二）傳輸資料量少

透過「目錄介接」發送電子報，若非電子帳單等需附件PDF加密，而是電子報行銷郵件，則只需傳送郵件名單文字檔，以及一個電子報內容HTML與圖片壓縮檔，以發送一百萬份郵件名單，文字檔壓縮後只要幾個MB，傳送資料量極少，而且防火牆只需開通固定IP對外資安風險低。由於數據量極少，因此甚至普通等級桌上型電腦即可進行，不需要額外採購檔案伺服器，建置成本低。

第十五章
資安防護架構

第一節　程式碼資安防護

　　電子報系統除了在系統本身環境上進行資安防護，確保郵件傳輸過程沒有被駭客入侵的可能，在應用程式本身設計上，也須確保遵循各種資安準則，避免駭客透過應用程式入侵。具體開發上，至少需防範以下幾項常見駭客攻擊手法。

一、Cross-Site Request Forgery（CSRF）

　　Cross Site Request Forgery（CSRF, 跨站請求偽造）這是一種假借已經輸入帳密認證，透過帶入這些Cookie／Session到網站上去駭入系統。在系統開發上，《沛盛資訊》加入多重驗證存在cookie／session中的帳密來源，由系統發送獨特token，再加上檢查帳密是否確實由本系統發出，杜絕來自CSRF的攻擊。

二、SQL injection安全防護

　　由於資料庫已經是網站系統必備，SQL injection就是

駭客經常用來攻擊網站的手法，透過在系統傳送資料到服務器，置換成駭客攻擊SQL語法，進行對系統破壞。透過嚴格限制網站介面資料回傳格式與內容樣式，防範原有SQL語法遭到替換，並且在資料庫端設定不同權限，讓即使透過網站取得權限也無法破壞或盜取資料。

三、Cross-Site Scripting（XSS）防護

網站系統普遍使用cookie作為驗證存放資料，但若用戶端cookie被竊取，裡面的敏感資料就可能被駭客用來破壞。透過驗證使用者資料來源，並加入適當邏輯編碼，以及使用作業系統程式進行XSS防護，並加強驗證透過Cookie攜帶的session ID是否有不正常變換，《沛盛資訊》工程師在開發時即特別限制XSS的破壞，降低弱點可能性。

第二節　弱點掃描

一、原始碼掃描

《沛盛資訊》電子報私雲架構，由於需將軟體安裝在企業客戶內，因應大客戶要求，提供過多次軟體原始檔做原始碼弱點掃描。企業客戶會在簽完保密合約之後，將電子報

系統原始檔提供企業客戶透過專門程式碼掃描軟體做弱點檢查，掃描完畢產生報告，將弱點區分不同等級，依據這掃描報告進行程式碼修復。

由於不論採用雲端、私有雲架構，程式碼均相同，因此在歷經多次由大型企業客戶原始碼掃描後，程式碼已經日臻安全，近年來之原始碼掃描，已少見重大弱點，多爲風險等級低可透過系統架構防範即可。

二、弱點掃描與密碼套件

弱點掃描是由外界透過駭客常見手法攻擊，驗證系統是否有弱點會受破壞。《沛盛資訊》企業客戶，若爲跨國企業上線前審核流程，一定會做弱點掃描，而且是國外總公司執行掃描。在過去幾年，也經歷多種不同知名弱點掃描軟體進行模擬攻擊，逐步加強資安防禦與原始碼強化，近年來新客戶所做弱點掃描，均已無重大資安弱點，僅剩零星風險低弱點，再依照報告做補強即可。在實務運作上，弱點掃描主要是針對密碼套件（Cipher Suite）進行強化，密碼套件區分爲以下幾個層次：

1. TLS：Transport Layer Security（傳輸層安全性,TLS），是一種加密協定，在網頁傳遞資訊時進行保護。例如電商在請購物者輸入信用卡頁面時，都會告知用戶採用SSL加密（Secure Sockets Layer），而TLS則是SSL的後續進階改良，雖然TLS1.3已經推

出但由於相容性問題，2022年主流版本爲TLS 1.2。

2. Key Exchange：Cipher Suite裡面的第一關架構稱爲Key Exchange（金鑰交換）。這是網站跟瀏覽器之間的交換密鑰機制，網路發展至今有許多不同演算法作爲金鑰交換，包含RSA、DH、ECDH、DHE、PSK等多種。而這些演算法其實是一代一代加上去，在前一代的基礎上增加新演算機制。2022年最強化金鑰爲ECDHE（Ephemeral Elliptic Curve Diffie-Hellman）演算法。

3. Authentication：Key Exchange確認演算法之後，接著就是要Authentication（身份驗證），同樣也有多種驗證方式，如RSA、ECDSA、或DSA。2022年最強化作法爲採用RSA（Rivest-Shamir-Adleman）。

4. Encryption：接著就是資料在網路上傳輸加密機制，這就牽涉到加密強度，例如64、128、256 bit字元的密鑰，長度越長越難以破解。2022年最強化作法爲採用AES（Advanced Encryption Standard）128 bit或是更高的加密強度。並且使用GCM（Galois Counter Mode）作爲加密完整性驗證。

5. MAC：整個Cipher Suite最後面就是用雜湊（hash）方法去做傳遞訊息驗證（MAC, Message Authentication Code），2022年最強化作法爲採用SHA256或是更高。

《沛盛資訊》電子報發送系統，在TLS 1.2基礎上，成
為以下高強度資安架構：

TLS_ECDHE_RSA_WITH_AES_128_GCM_SHA256
或是加密字元強度更高
TLS_ECDHE_RSA_WITH_AES_256_GCM_SHA384

詳細分項如下：
A. TLS：TLS 1.2
B. Key Exchange：ECDHE
C. Authentication：RSA
D. Encryption：AES 256 GCM
E. MAC：SHA256

第三節　資料加密與登入驗證

《沛盛資訊》電子報系統除了在原始碼以及利用弱點掃
描進行資安防護之外，在資料層面上可透過加密，確保個資
完全不會外洩，甚至即使被駭客入侵，也無法破解這些加密
資料。

一、郵件憑證

　　所有發送電子報客戶，不論規模大小，均應使用自有網域作為發信人，且設定郵件SPF／DKIM／DMARC。DKIM即為郵件加簽，避免傳送過程中遭到竄改。金融機構則有更嚴格資安要求，可購買寄件人郵件憑證，透過此一寄件人郵件地址所發送郵件均會有「電子郵件數位簽章」，在郵件讀信系統即可驗證。

　　郵件憑證是數位簽章，主體為一特有郵件地址，作為寄送發信人透過郵件系統發信時會帶入數位簽章，收信人使用支援郵件簽章讀信（如Outlook），開信後可驗證此一數位簽章，確認寄件人與寄件人網域身份。

二、資料庫加密

　　為了提升安全性，將敏感性或資料庫，在寫入資料時使用金鑰加密，在讀出資料庫時才解密，避免資料庫遭竊取時，破解資料造成資安危害。由於金鑰保管於與資料庫不同位置，因此即使駭客有辦法取走整個資料庫，這全部都是加密資料根本無法破解。

三、SHA加密

　　郵件發送後資料可採SHA（Secure Hash Algorithm）

加密架構，徹底解決企業客戶擔心資安外流的疑慮。SHA由美國國家安全局所開發，國際間驗證絕無破解洩漏原始個資可能。在SHA郵件發送架構，所有資料全程嚴密控管，凡是郵件地址需要在發送系統儲存，包含郵件名單上傳、內部暫存、發送、報表等，均徹底審視杜絕洩密可能。

四、登入驗證

登入驗證應用在登入《沛盛資訊》系統時，確保登入者身份，這些都是設定選項，可依照客戶需求啟用。

（一）OTP（One Time Password，一次性密碼）

OTP廣泛被應用在許多系統即時身份認證，例如臉書或谷歌帳號以及許多App在首次登錄或重設密碼時都會使用OTP做身份驗證。OTP驗證常使用手機簡訊傳送密碼，《沛盛資訊》也開發出使用郵件發送OTP，透過特殊設定發送通道，發送速度跟簡訊發送一樣快，可在幾秒內即可收到。這也讓郵件發送已可取代簡訊發送OTP，再加上郵件價格較簡訊便宜，在大量應用上展現獨特優勢。

（二）雙重驗證（Two-factor Authentication，2FA）

2FA是在系統密碼登入後，需搭配另一種登入驗證（例如郵件、簡訊、APP）後始可登入。臉書在陌生裝置上登入時，會啟動2FA，要求要在另一個以登入臉書裝置確認，即為2FA應用。2FA讓駭客用自動化程式嘗試登入帳密無法順

利進入，確保絕對帳號擁有者才可登入。

（三）其它登入防護

1.密碼強化

a.登入密碼需含英文大小寫、數字及特殊符號，且需一定字元長度。

b.預設密碼登入後必須要求使用者更改密碼。

c.登入三次失敗至少鎖定帳號15分鐘。

d.更改密碼不得與前三次使用之密碼相同。

e.需設置最短密碼變更時間（例：三個月強迫更換。）。

f. 資料庫密碼欄位用SHA256加密，不使用已被破解RC4、MD5加密法。

2.陌生裝置登入驗證：若使用過去未曾使用過電腦／手機登入，需進行OTP或2FA驗證。

3.IP限制：可限定連線IP，包含網頁登入畫面、HTTP API、SFTP／FTP等連線。

4.連線裝置限制：僅使用特定裝置才能登入。

5.登入紀錄與通知：資料庫將記錄每次登入使用者，並可設定主動發出郵件通知訊息。

第十六章
電子報產業應用

第一節　企業電子報應用

一、各行各業都在用電子報

　　幾乎所有類型公司都需要發送電子報，並非刻板印象中只有透過網路電商銷售才需要。即使是實體門市零售業者或服務業，只要有需要持續維繫與客戶關係，客戶也會重複性消費，電子報都是必要行銷工具。

　　許多產業均會固定發電子報給客戶，包含完全線上經營的電商，或是只在實體通路銷售品牌，以及有線上線下並存廠商。以汽車銷售而言，雖然汽車品牌大量在電視廣告投入，但幾乎所有知名汽車品牌，通通會建立自己電子報名單。雖然客戶不會因為車廠促銷，而再去購買新車，但是每一台新車都有定期維修需求，而且售後服務與維修利潤比新車銷售還高，因此透過電子報持續與客戶保持密切聯繫，定期通知他們即將到臨的保養日期。

　　以實體門市為主的餐廳、美容業也都在發電子報。雖然你到餐廳或是到美髮店這種實體店面消費，他們不會要求留下個人資料，但這類實體門市，只要知名連鎖品牌也都幾

乎在利用電子報，作爲在首次消費之後，後續推送各種不同行銷訊息。打開你的Gmail，應該會有很多實體店面品牌電子報，這些可能是在它註冊會員或是App申請時填入郵件地址，後續每當有促銷就會透過電子報通知。

　　所有經營線上電商品牌，當然一定會透過電子報發送各式各樣節慶促銷，電商也較容易收集客戶郵件名單，因爲購買產品在下單時都會留下郵件地址，也會將陌生網站訪客，轉換成自己能掌握的郵件名單。

　　B2B與外貿產業開拓新客戶，通常透過參加國內外展覽，透過參展所收集來名片，後續要持續聯繫最佳方法就是透過電子報。只要符合GDPR要求，可以將參展所得到客戶名片，或過去曾往來、詢價潛在客戶的郵件地址作爲訂閱電子報名單，未來公司有新產品發佈，在國外參展，都會透過電子報推送給這些曾經有往來客戶。

　　媒體業例如各種傳統報紙媒體、週刊、線上媒體，也是大量使用電子報。傳統紙張媒體的報紙，現在均已將新聞內容刊登在網上，也都在網站專區提供給讀者訂購不同內容電子報，例如財經、親子、健康、運動等等，再將報紙有關該類別新聞，每天發送電子報給讀者。

　　高中跟大學也都在發電子報，特別是與畢業校友聯繫。包含提供學校最新活動消息，捐款、校友動態，都透過電子報發送。畢竟校友畢業後，是學校最堅強後盾，在校生獎學金以及學校校務發展所需資金，最佳募款對象就是這些畢業校友。過去學校會發行紙本通訊透過郵局寄送，但費用極高

而且校友經常更換地址聯繫不變，但透過電子報發送，郵件地址多半不會更換，即使校友畢業不在台灣也都能收到，為最佳與校友通訊聯繫方式。

　　公益組織也透過電子報方式，與捐款者建立長期聯繫。單次性匿名捐款雖是公益團體所樂見，但為了維繫募款對象來源，公益團體傾向建立募款名單，包含潛在募款對象以及過去曾經捐款者，利用電子報都是最容易與被接受聯繫方式。

　　凡擁有自己客戶名單，特別這些客戶具有重複消費特性，就需要有自己電子報名單，很難想像哪種類型企業不需要維繫電子報名單。像汽車這種購買週期長產品，汽車品牌都有電子報名單且積極利用。而且越大型品牌越積極使用電子報，因為大企業行銷人員訓練有素，熟悉各種行銷工具運用，也了解掌握自有直接接觸客戶重要性，電子報就是唯一能利用工具。反而中小型品牌行銷人員，經常有錯誤迷思，以為只要透過社群媒體去接觸客戶群，不需有自己名單。殊不知，越是知名品牌，才更知道使用電子報所帶來巨大好處，因為他們行銷人員有更多數據分析，知道電子報所能帶來重複消費能力，遠超過透過社群媒體所帶來客戶群，因此才會持續投資在電子報行銷。

二、品牌電商

　　各種在網路經營電商，由於所有交易全都在網路進行，

購買客戶都會有電子郵件，潛在客戶透過網路廣告而來，也都會留下電子郵件，因此各種品牌電商包含服飾、美妝、親子、3C、運動等等都全年無休發送各種電子報，電商是電子報發送最大量產業。

（一）購物通知信

現今電商已是巨大規模市場，因此電商系統裡面已經開發出多種功能，能購買下單當然是基礎，此外還要能接金流，這部分有現金、匯款、刷卡、第三方支付，並提供一次性匯款帳號等。物流還要接超商取貨，貨到付款，黑貓、宅配等。電子郵件在電商運作，扮演廠商與客戶間不可或缺角色。

上網購物肯定在按下購物結帳按鈕之後，心中就會認定將有購物確認通知信出現在郵件信箱。但由於郵件傳輸關係，有時候可能一分鐘沒立即收到，但等個十分鐘沒收到，三十分鐘過去了還是沒收到。這就應該心裡會覺得不對勁了吧！一定在想，到底這個訂購有沒有確認收到，刷卡錢會不會被多扣了等等。

品牌電商在發送購物通知信時，常見消費者遇到問題，就是沒有即時收到或根本沒收到。購物通知信發不出去可能狀況很多，有可能是電商系統發信速度過慢郵件卡住了；有可能是發信服務器效能、硬體設備故障等等許多種。但即使是發出去了，也不要以為客戶就有收到，進垃圾信箱是常見的問題，另外還有不小心發信伺服器IP成了國際組織垃圾郵件黑名單，或是郵件被退信等眾多狀況。這封購物通知信，

可是電商系統關鍵螺絲釘，但要能發送又快又好，牽涉到電子郵件系統架構。

（二）購物車未結帳通知

除了正常購物成功發送通知信之外，對於原本想要購物，都已經把商品放到購物車，最後卻沒有順利結帳買家，使用未結帳自動郵件流程，可以讓這些欠缺臨門一腳買家完成結帳提升業績。不要忽視這些最後沒結帳買家，因為把信用卡拿出來付款，是心理層面跟金錢層面風險，有可能買到完全不想要產品，因此在按下「確認結帳」按鈕當下都有可能各種原因反悔不買。

未結帳通知信是一系列事先設計好自動發出郵件，在購物車確認未結帳就離開後，6小時可發出第一封提醒未結帳郵件，若仍舊未結帳，24小時後發出第二封郵件，這時可加入限時折扣價，例如在24小時內購買可以享9折或是額外贈品。在期限截止前3小時可以發出提醒折扣到期郵件，而當截止期限過了之後，這客戶看起來是不想再買了，可以發送一封道謝客戶郵件。當然，這一系列自動化郵件，跟你文案以及郵件內文設計有很大關係，必須經過多次測試，找到最佳郵件內容以及發送時間。

（三）定期電子報

即便購物車未結帳在該次並沒有最後購買，但已經擁有對方郵件地址，未來仍然有機會可以再度購買。品牌電商應該妥善收集這些曾經與自己電商網站來往客戶，區分客戶等級為未購買、已購買、常客，以及男性、女性等不同分類標

籤。再加上將網站陌生訪客轉換爲電子報訂戶，就能累積網站電子報名單，未來持續發送定期電子報，這也是絕大多數品牌電商經營會員名單累積重複消費方法。

三、電商平台

品牌電商是特定單一廠商透過電子報系統發送行銷郵件，以現在電商產業運作，有意在網路上開店廠商，許多都是透過知名電商平台上架，例如主流大型電商Momo、PCHome、生活市集、東森等，也有專門主題性電商，3C、母嬰類、生鮮食品等。還有許多專業電商平台，是供開店平台租用方式，廠商仍保有自己品牌與網站網域，但背後則透過開店平台系統運作，如開店123、91App等。

透過電商平台銷售產品，平台除了提供完整購物車、金流、物流之外，行銷也是電商平台重點項目之一。電子報行銷最佳做法是電商平台直接整合電子報系統，因爲畢竟經營電商需要熟悉電腦系統軟硬體團隊，但產品上架廠商多半只熟悉自己產品銷售，因此透過電商平台提供電子報是對平台與上架廠商最有利作法。《沛盛資訊》由於自行開發電子報發送系統，能因應不同電商平台提供客製服務，獲得台灣市占率最大型電商平台超過一半以上採用。

（一）電子報系統架構

大型電商平台由於消費者購買數量龐大，會員數衆多也讓電子報發送數量極大，超越普通單一品牌電商。不論是

單一電商品牌上有不同廠商產品銷售，或是專業電商平台提供租用，電子報系統近年來主要以「混合雲」方式為主流架構。原因在於早期電商平台都會採購電子報系統在內部安裝，以「私雲」方式在地端發送郵件。但由於電商業者主要在經營電商平台，處理龐大的物流與金流已經是夠複雜系統，再投入人力、物力管理電子報系統，倘若稍一不慎若發送IP被列為黑名單，能帶來業績電子報發送不出去，反而造成更大營業損失。

因此電商平台的IT部門，都傾向採用「混合雲」架構，透過內部系統產生該檔期電子報促銷郵件名單，再由行銷部門提供電子報內容，即可自動交給電子報「混合雲」業者發送，透過專業分工方式，不僅減少IT部門負荷，也讓電商平台帶來更多業績。

（二）可統計個別廠商發送收取費用

電商平台由於包含眾多不同廠商，電子報寄件人可以透過同一品牌網域，內含不同廠商、產品訊息，廠商可以付費購買電子報促銷內容與檔期。另一種形式則是想要促銷的廠商，可以使用自有網域發送，寄件人各不相同，平台透過已串接好電子報系統代發。

以平台代發品牌廠商電子報這種模式，《沛盛資訊》電子報系統提供依寄件人發送數計算，就能每月統計出不同廠商發送電子報總數，據此向廠商收費，還可細分為預繳後扣點數，或月結計費。

扣點數是有意發送電子報廠商，事先購買發送點數，

每次發送則自動扣點，點數不足再購點補充，類似手機預付卡模式。月結模式則如同手機月繳，電子報發送後統計每月發送數，依照發送費率付費。對電商平台而言，由於電子報系統已事先串接好，將此服務提供給在平台上架廠商使用，不需再多投入人力物力，就能向使用電子報廠商每月額外收費，廠商也樂於透過平台串接使用，畢竟購物名單都已在平台上，能夠更精準分眾行銷帶來業績。

第二節　通知性郵件

一、郵件類型

　　B2C發送郵件分為行銷性與通知性，大量發送電子報屬於行銷性郵件，同一內容分送眾多收件人。通知性郵件則普遍用在網站系統或App開發，例如當新用戶在網路系統上設立帳號，系統就會發出帳號設立確認，這類型郵件就是通知性郵件。幾乎所有線上系統與App開發，都一定需要使用到該類型郵件。雖然不是一次發送給大量收件人，不會被認定為垃圾信，數量少還可以透過網站自行對外發送，但如果大型網站每天要發送郵件累積起來數量也極為龐大，就需要使用專業電子郵件發送系統，避免發信IP被當成黑名單封鎖。

（一）帳號確認、通知信

　　不論是App帳號開通或是各種網站註冊，動作結束後一定會發送通知郵件，確認新設立帳號內容以及歡迎加入。由於許多網路系統都逐步採用郵件地址當作帳號，為了避免使用者地址輸入錯誤，或是使用非自己所有郵件地址，因此常見採用雙重驗證（Double Opt-in）郵件地址。亦即先發一封郵件，收件人需到郵件信箱打開這封信，點選上面連結或將內附之一次性驗證密碼填入網站登入，確認這封郵件地址正確，始完成帳號開通。往後就會使用這郵件地址作為聯繫之用，若需要更改此地址，也需要再經過雙重驗證才能更換。

　　這類型帳號通知信就是典型「通知性郵件」，在網站或App運作中扮演配角，但卻是不可或缺配角。因透過簡訊或社群媒體發送通知訊息，都無法替代郵件地址角色。

（二）密碼重置

　　密碼重置也是常見「通知性郵件」，採用方式為透過暫時性密碼（One Time Password, OTP）模式去重設密碼。當使用者在網站上點選「忘記密碼」按鈕，系統即將暫時性密碼寄送到該帳戶之郵件地址。使用者進入郵箱收取暫時性密碼郵件，並進入網站更新密碼。OTP可用來作為登入驗證用，也可應用在密碼重置。密碼重置常見為使用郵件發送，OTP若作為登入驗證可用簡訊或郵件。

（三）其餘類型

　　銀行信用卡繳費提醒通知、已繳費通知、銀行App帳戶

登入通知⋯⋯等，這些是依照某種特定事件所發出郵件，也屬於「通知性郵件」。在生日當天發送生日祝賀並提供折扣券，雖然行為是行銷類郵件，但並非大規模發送而是只針對特定事件發送，也歸類於「通知性郵件」。由於郵件已經廣泛作為B2C溝通之用，各種網站、App在開發時，幾乎一定有發送通知性郵件需求，數量少可透過自有網站內建發信程式處理，但若發送數量大則需要良好郵件系統架構。

二、郵件系統架構

「通知性信件」雖然不是一次性大量發送，但若屬於大型網站或App，會員數多流量大，發送郵件數量就大，便需要專業郵件發送系統協助。「通知性信件」由於每封信都是事件發生後立即要寄送（例如密碼重置），因此主要都是採用API串接專業發信系統。但API仍然要考慮串接資料後續發送速度、資安以及報表。以《沛盛資訊》為例，已提供許多大型網站系統即時性通知郵件發送，提供多種API串接技術，並能穩定支援高速大量發送。

第三節　應收帳款對帳單郵件發送

一、對帳單發送需求

　　應收帳款對帳單主要用於B2B客戶，財務部門每月需定期從公司內部各種ERP、進銷存或會計系統，匯出交易客戶在這月份與公司購買了多少產品，並與客戶進行核對付款金額和內容無誤之後，才會寄送發票。

　　大規模公司財務部門是由供應商自行登入到帳務系統確認本月帳單，而小規模公司是需要靠財務部門的助理以人工的方式一筆一筆透過郵件寄送給客戶。如果小企業每月只有幾筆就還能接受，但若需要數十筆甚至數百筆對帳單郵件發送，人工處理就會耗費大量時間且容易出錯。

　　對帳單透過郵件發送，若詳細理解整個對帳單郵件過程，跟銀行發送信用卡電子帳單非常類似，都需要發給不同收件人，且每封郵件主要都透過附件方式夾帶帳單資訊。但差別在於，銀行有資源可以建置完整電子帳單系統，但中小企業資源有限需要更創新作法。

二、解決做法

　　針對資源有限的中小企業對帳單郵件需求，《沛盛資訊》透過對郵件生成技術的熟悉，開發出合適解決方案。為

了讓沒有技術背景的財務部人員都能使用，批量發送對帳單使用網頁進行，操作簡便但背後技術卻極為複雜。最基礎功能，僅需將已經生成之應收帳款對帳單PDF或文字檔（上傳後自動轉PDF），連同收件人名單Excel或csv格式，再加上郵件本文，全部壓縮成一檔案，透過網頁上傳即可自動發出。進階功能，則可串接所使用進銷存、財會系統或ERP，自動每月定期批次產生對帳單並直接發出。發送時均可設定預覽、簽核批准、抽樣審查以及媒合每封信之公司名稱、收信人稱呼等。

第四節　應用程式系統串接

一、CRM／電商系統

　　大型企業發送電子報，郵件地址名單來源都會從公司內部系統產生，以發送量最大B2C電子報，行銷活動會產生潛在客戶名單，線上電商或線下POS系統，則擁有第一線消費者名單。這些名單所包含不同消費者資料，實體門市通常會留顧客手機號碼，電商則會有完整姓名、手機、郵件地址等。因此當行銷部門在規劃促銷檔期，以想要投放的宣傳方法，郵件、簡訊、Line、臉書／IG等，依據條件選擇出合適目標對象名單，再透過相對應行銷工具對外發出。

因此大企業所採用電子報系統，便需要能介接與整合內部相關系統，常見為串接客戶關係系統（CRM，例如Salesforce），各種大型電商平台系統（例如，IBM WebSphere），以及多種資料庫（例如，SQL Server、Oracle、MYSQL、MariaDB、PostgreSQL、DB2）。這些國際級系統與資料庫均有發展豐富完整的API可供使用，且均可將內部指定資料匯出到專門發送電子報服務系統，但由於大型應用系統功能極為複雜，各種設定與參數眾多，若沒有正確對接資料，便無法正確發出電子報，甚至導致大量發送電子報郵件錯誤而遭應用程式內部封鎖。建議系統串接方法分為公司內部系統與外部系統：

（一）內部系統彙整名單

通常行銷部門提出需求對外發送促銷電子報，IT部門或數據分析部門依照需求，在公司內部對應系統中彙整相關資料來源，大企業多半不會只簡單要從某個系統或資料庫直接就取得，需要在不同內部系統間撈取數據，例如想要針對在特定期間內經常購買某品牌高單價產品客戶舉辦活動，要在銷售系統中取出日期範圍、購買產品名稱、金額、姓名、郵件地址、手機號碼……等。這些資料源分處於不同系統或資料庫，不僅要在不同系統中取得關聯數據，若是週期性活動（如百貨週年慶），甚至要開發程式碼去固定取得數據。

內部系統能夠順利產出行銷目標客戶名單，接著就要串接到適當的發送系統了，專門與大企業合作的電子報發送業者，由於擁有眾多與大企業內部系統整合經驗，能快速將系

統整合上線。

（二）外部系統串接發送

外部系統就是在行銷名單產生後，透過訊息發送系統發出。在台灣電商、零售、媒體、資訊IT……等，眾多不同產業，其中最大規模品牌有超過一半都是由《沛盛資訊》在背後提供電子報發送服務，是專精於提供大企業電子報發送。電子報系統串接除了將發送郵件名單對外發送之外，後續開啟、點擊這些資料收集與分析，在架構上可以回到發送企業內部服務器接收，或是先由《沛盛資訊》服務器收下，再透過自動資料傳送方式，回傳到企業內部服務器，進入企業內部數據分析系統。

因此雙方資料串接時，需考量到多種資料流彼此交換，以及外界網路流量，也牽涉到資安、個資、防火牆、數位簽章、加密等多重條件，採用串接經驗豐富的廠商，能事先避免到可能產生問題，加快專案進展。

二、大數據分析、CDP平台

上述大企業內部需彙整出要發送名單，是來自多種不同系統與資料庫，當數據量複雜內部資源有限，無法對資料做有意義分析，提供行銷部門可用資料，就需要透過外部專業大數據分析或CDP（Customer Data Platform），目前這也是熱門產業，有眾多包含台灣與國外業者投入其中。

這些數據分析平台都是讓平台用戶，可將購買客戶、銷

售、網頁數據、App、零售POS……各種營業數據匯入數據分析平台，多數採用雲端運作，也有少數系統可購買後在公司內部安裝。而數據分析之後目的就是創造更多業績，必須要有資料的「出口」，亦卽如何通知消費者再度購買，正需要透過電子報、簡訊、Line、App等發出通知，而郵件地址是消費者最願意給的個資，最適合用來通知對方。

　　數據分析平台串接行銷發送系統，模式跟大型企業串接電子報系統極爲類似，同樣要經過上文提到「內部系統」與「外部系統」資料對接。只不過數據分析平台由於已經將所屬客戶資料，都依照特定樣式儲存在資料庫中，只要串接好對外行銷訊息發送系統，就可提供服務給所有客戶群使用，也能創造業績。

　　以《沛盛資訊》發送系統，由於已經整合了電子報、簡訊、App推播、Line、臉書／IG訊息，也解決了過往數據平台需個別開發程式逐一串接不同發送系統，只要透過單一API對接，卽能指定所要發送訊息類型，依照名單與內容發送出去。

三、手機App／網站系統

　　各種手機App開發或網站系統開發，都免不了需要發送郵件，例如申請帳號就需要將帳號通知寄送給收件人。後續也會有各類型通知性郵件，密碼重置、使用者資料更新、點數通知、登入通知……等，若是網站／App使用者數量不

多，使用作業系統內建發信程式，不管Windows／Linux以及各種程式語言，都有發展完整郵件發送功能。

當會員數越來越多達數萬名以上，再加上若要提供訂閱電子報、發送電子報服務，就不能用作業系統內建郵件發送，避免自己公司內部發送IP被列為發送黑名單，所有郵件都無法寄送，必須使用專業郵件發送系統。具體方法可透過API串接、SMTP、或適合大型資料交換「目錄介接」API，都能滿足各種手機App與網站開發者需求。

第十七章
郵件行銷的未來

第一節　網路隱私權重視有利於郵件行銷

一、Cookie禁用

　　當你瀏覽過某網站但並未登入，幾天後再度回到該網站，它會記得你一些行為，例如你曾經看過某個產品，靠的就是該網站透過你的瀏覽器，存下稱為cookie的追蹤紀錄。Cookie 分為第一方與第三方追蹤，如果你登入電商網站會員系統，該電商利用Cookie紀錄了你在網站內瀏覽紀錄與設定，這是因為你已經主動透過登入方式告知電商網站你是誰，稱為第一方Cookie。

　　換一個場景，你一定有這種經驗，逛過某網站並搜尋產品但未登入，即使離開該網站之後到了其它網站，卻也一直出現同類型商品廣告，這就是第三方Cookie，主要都是廣告商埋入的追蹤碼，或臉書追蹤碼。這些廣告分析追蹤Cookie，透過跨網站去觀察你所使用的行為，並利用演算法推算你最有可能感興趣的廣告，並以精準行銷為名向廣告主收取更高費用。

　　但歐盟在2018年5月正式生效GDPR，對網站Cookie收

集資訊有明確規範，所以你肯定曾經去過某個網站，跳出視窗告知它們Cookie政策，詢問你是否接受Cookie或不接受Cookie追蹤，這時候你可以設定選擇。使用者在隱私權教育下，有相當大比例就會直接拒絕接受。即使這屬於第一方Cookie，在GDPR規範下，已逐步失去對使用者資訊收集正確度。

除此之外，瀏覽器提供廠商包含谷歌 Chrome、Apple Safari以及Firefox等，都在近年提出禁止第三方Cookie追蹤做法與時程表，但這些做法也藏有彼此競爭在，例如谷歌不希望使用Chrome用戶的資料被對手使用。整體而言，在整個產業逐步注重使用者隱私之下，對個資保護只會越來越嚴格，因此Cookie追蹤會快速被限縮。

二、手機App停止追蹤

個人數位隱私越來越被看重，除了Cookie在網頁使用，手機也越來越強調對隱私保護，蘋果手機在2020年iOS 14，就已經開始限制廣告商追蹤手機瀏覽資料，但由於網路廣告產業巨大，臉書大多數利潤都來自廣告，因此在2020年還只是小範圍嘗試這功能，也讓產業界開始認知此轉變並做因應措施，直到2021年蘋果推出iOS 14.5就真正開始強化對使用者隱私保護，App要追蹤使用狀態都需要事先獲得使用者同意。至此，網路廣告產業界已經體認到，想透過App去追蹤使用者數據，並藉以投放有可能感興趣廣告，

這做法將逐步被淘汰。

　　相對於蘋果大張旗鼓打著保護個資大旗，嚴加緊縮手機數據追蹤，並掀起在產業界巨大風浪，另一主要手機作業系統提供商谷歌，卻相對低調不太表示要全面跟進。這是因為蘋果主要收入來自銷售手機硬體，但由谷歌主導的安卓手機，自有品牌手機硬體銷售少，收入主要來自廣告。蘋果鼓吹個資保護，既討好用戶又提升競爭力，一舉兩得。但畢竟強化個資與隱私保護是產業趨勢，谷歌也逐步推出各種保護隱私作法，先由小規模試驗開始，依用戶接受度以及廣告大客戶意見，在逐漸擴大範圍。整體而言，手機App停止或限制追蹤已為產業明顯趨勢。

三、郵件收信不受Cookie、App追蹤停用影響

　　不論是透過Cookie或是手機App追蹤，目的主要都是想透過廣告，給予追蹤使用者針對性訊息，發送到這些使用者。但這些向來都是暗中追蹤，即使去識別化無法真正知道個資，還是有侵害隱私的疑慮。因此在歐盟GDPR法規之後，使用者逐漸對隱私議題更加注重，讓Cookie與App追蹤都逐漸被嚴格限制。

　　隱私規範只有越來越嚴格，這是不可逆趨勢，但也讓行銷人員過去透過Cookie或App追蹤來進行廣告／宣傳推送，逐漸變得不可行。反觀郵件行銷，由於郵件必須相容各種讀信程式，從Linux到Android各種版本都要相容，因此

郵件並不支援使用Cookie，也無法利用郵件App追蹤使用行為。反而讓郵件行銷在這股隱私權緊縮大浪中，持續存活下來。

如果品牌企業依照本書開頭如何收集潛在客戶郵件地址介紹，持續在網站以及社群媒體收集郵件地址，並透過電子報發送促銷優惠與有價值知識型內容，這些電子報行銷不需要透過Cookie或App這種暗中追蹤，且也不知道真正使用者是誰。相反的，電子報是直達收信人信箱，只要你提供郵件對客戶持續有意義，對方就會長期性打開電子報閱讀與點擊郵件內文連結。

Apple iOS 15更進一步強化個資保護，電子報的開啟變得無法有效追蹤，但是否成功發送到每個郵件地址仍然是可統計之數據，收信人讀完郵件，是否點擊回到網站也同樣可追蹤。郵件行銷雖然傳統，但確實有效且不受Cookie禁用、手機App停止數據追蹤影響。

第二節　郵件品牌識別（BIMI）

一、什麼是BIMI

在Gmail中收到一封郵件，如果寄信人有明顯頭像，就能不需閱讀寄件人文字或郵件地址，快速識別寄件人，

BIMI就是用來作爲郵件識別國際規範。

　　BIMI全名爲Brand Indicators for Message Identification，是指郵件品牌識別。以Gmail郵件爲例，寄件人除了郵件地址之外，還會有頭像，如果是你寄送給朋友，你的寄件人頭像就是谷歌帳號頭像，這也方便收信人卽使不看寄件人郵件地址，可用圖像快速識別寄件人。頭像僅使用在Gmail內互寄，等於是電信網內互打才能顯示，如果Gmail寄到Yahoo，並不會在Yahoo郵件顯示頭像。

　　以企業電子報要顯示頭像（通常是商標），就沒有如此簡單，例如可口可樂寄出電子報，如何確認寄件人是眞正來自可口可樂，從郵件頭像上顯示可口可樂商標就可知道，這就是BIMI。由於透過郵件詐騙或垃圾信非常氾濫，一定要有寄件人、收件人都能認可的國際規範，才能夠把企業商標置於寄件人圖像。

　　BIMI是新郵件的傳輸規範，第一版本在2019年才推出，Gmail、Yahoo都支持此一標準，但在實際執行中則各有自行作法。

二、BIMI設定作法

　　BIMI設定是寄件端進行，它必須完整宣告自己是合法寄送公司，擁有寄件人網域，並利用網域DNS設定，標明頭像圖片檔案URL。收信人收到郵件時，可透過DNS查詢BIMI對應設定，並驗證眞實性。

（一）設定BIMI必要條件

啟動BIMI必須滿足兩大必要條件：

1. 必須設定郵件DNS：本書所介紹郵件DNS設定，包含SPF、DKIM、DMARC就是用來防止郵件詐騙、垃圾信，因此BIMI架構便建立在這些設定之上。

   本書所介紹郵件DNS設定，包含SPF、DKIM、DMARC就是用來防止郵件詐騙、垃圾信，因此BIMI架構便建立在這些設定之上。

2. 在網域DNS增加BIMI欄位：透過在網域DNS中新增BIMI欄位，才能確認寄件人是真實擁有此一網域，並透過這BIMI欄位標註頭像圖片位置URL。

（二）BIMI設定

BIMI設定為新增TXT值於網域DNS：

v=BIMI1;l=[商標圖像URL];a=[商標憑證URL];

除了 v 與 l 兩項為必要設定，為了更加確認所提供的商標是真實擁有，可再加入 a 欄位，提供商標憑證URL。

這商標憑證稱為Verified Mark Certificates（VMC），等同於國際認可註冊商標，僅有少數國際間註冊商標機構所發出憑證獲得認可。

三、BIMI 在郵件系統支援度

截至2022年，兩大最主流郵件提供商Gmail跟Yahoo，都表示加入BIMI支援，只不過在程度上有差別。

Gmail 要求必須要有VMC才能啟用BIMI，這對於台灣中小型企業將困難達成，因為必須在國際商標註冊機構進行註冊，多半是外銷各國之台灣知名品牌才會做國際性商標註冊。Yahoo倒是不需VMC，只需在DNS設定BIMI。

但因為郵件詐騙實在太多，Gmail跟Yahoo都不是在網域DNS設定完BIMI就能生效，它們都要求該網域有良好寄送電子報紀錄，包含大量發送，垃圾信舉報比率低，因此BIMI真正能生效多半是國際級大企業如CNN。

由於BIMI仍然是極新郵件國際標準，對台灣企業實務上導入可能性低，但正式標準本來就是需要幾年時間讓產業界熟悉，而在郵件上加入可識別商標作為頭像，確實為未來電子報趨勢。

第三節　Gmail 郵件進階格式

一、Email Markup（郵件標記）

Gmail帳號用戶，使用國際性訂房網站，例如Hotels.com、Agoda，在收到訂房確認郵件時，會收到類似以下範例圖訂房確認郵件，郵件最上方有訂房詳細資料，包含入住、退房以及旅館住址等資訊。不僅是訂房確認郵件，國際性網站訂機票、電商、租車、買票，都會出現類似郵件，這

稱爲Google Email Markup。

這是一種HTML延伸語言，格式由幾家國際大廠透過schema.org所定義，不僅是谷歌，包含微軟、Yahoo都支援此格式，但Gmail是最早也是最廣泛支援這種新格式。畢竟Gmail郵件佔有率最高，Email Markup也廣受歐美大型電商所採用，只要在國外網站購物、訂票、訂房，幾乎都會使用這種格式郵件發送。

Email Markup 設定並不困難，僅需在郵件內文撰寫，採用JSON-LD與Microdata格式，依照谷歌指定位置填入郵件內容，即可發送。

▲含有Email Markup的訂房郵件。

二、谷歌 AMP 互動郵件

谷歌在2016年提出加速行動網頁（Accelerate Mobile Pages, AMP），可以讓行動裝置讀取頁面更快速。AMP是HTML語言延伸，透過它來定義谷歌 Chrome瀏覽器理解內容，加速網頁讀取。而在2018年2月，谷歌進一步讓AMP可以在Gmail上實現互動功能，稱爲AMP for Email。直到2019年3月，谷歌正式宣布Gmail可以開始測試使用AMP，且不僅是Gmail，谷歌也邀請Hotmail、Yahoo等，請它們也支持AMP for Email。

AMP替郵件帶來互動功能，舉例來說電商促銷郵件都只是在電子報中顯示折扣，點擊之後進入電商網站才能夠選擇產品並結帳。如果能夠在郵件中直接選取要買的產品，顏色、大小等，之後點選直接進入購物車，就加快了購物進行。另外若是要發郵件詢問收信人意見，現階段也都是發送電子報，請收信人到論壇或是社群網站上回覆留言。若透過AMP for Email，就能夠直接在郵件中回覆留言，也能夠做到像表單填寫，動畫，顏色選擇等等不同作法。

相較於AMP for Email，提供能在郵件中有互動功能，但現有郵件爲何不能進行這樣互動？原因是在於，許多現有網頁是透過Javascript這類程式，來進行網頁上互動功能，但郵件由於已經發展30年以上，必須相容許許多多各種不同郵件讀信軟體，較舊版本的信件軟體可能不支援Javascript，另外Javascript也有可能被駭客利用，

當作入侵系統漏洞。因此，郵件本身基本上只支援最基礎HTML，不支持透過其它程式所發展出互動功能。

　　現今禁止互動郵件就是為了避免資安問題，因此AMP for Email首要條件，就是須符合郵件資安要求，亦即需要有SPF、DKIM與DMARC設定。

　　同樣是為了避免資安問題，讓AMP互動郵件，僅能在收到AMP郵件的人所進行，亦即若不是正式收到這封AMP郵件，並無法假冒去做AMP互動，但郵件並沒有瀏覽器常見的Cookie，況且就連Cookie都逐步要被淘汰，因此谷歌採用稱為Access Tokens 驗證技術在AMP郵件中，這項技術僅會讓有列入AMP收件名單中的郵件可做互動。想了解完整如何設定Gmail AMP，可前往谷歌 AMP專頁。

國家圖書館出版品預行編目資料

Email行銷其實和你想的不一樣／沛盛資訊有限
公司著. --初版.--臺北市：沛盛資訊有限公司，
2022.12
　　面；　公分
ISBN 978-626-96447-0-4（平裝）
1.CST: 網路行銷 2.CST: 電子郵件 3.CST: 行銷策略
496.5　　　　　　　　　　　　111012336

Email行銷其實和你想的不一樣

作　　者　沛盛資訊有限公司
發 行 人　唐旭忠
執行編輯　王明聖
校　　對　吳怡靜
出　　版　沛盛資訊有限公司
　　　　　114台北市內湖區瑞光路188巷46號5樓
　　　　　電話：（02）7720-1866
　　　　　傳眞：（02）7720-1867
設計編印　白象文化事業有限公司
　　　　　專案主編：李婕　經紀人：徐錦淳
經銷代理　白象文化事業有限公司
　　　　　412台中市大里區科技路1號8樓之2（台中軟體園區）
　　　　　出版專線：（04）2496-5995　　傳眞：（04）2496-9901
　　　　　401台中市東區和平街228巷44號（經銷部）
　　　　　購書專線：（04）2220-8589　　傳眞：（04）2220-8505
印　　刷　百通科技股份有限公司
初版一刷　2022年12月
定　　價　500元

白象文化
www.ElephantWhite.com.tw

印書小舖
PressStore出版經銷

出版 · 經銷 · 宣傳 · 設計

f 自費出版的領導者　　購書 白象文化生活館